Canon EOS 6D Mark Ⅱ
数码单反摄影圣经

雷波 编著

化学工业出版社

·北京·

利用手中的相机拍出好照片是广大摄影爱好者追求的目标。本书是一本专门为 Canon EOS 6D Mark II 相机用户定制的摄影技巧大全和速查手册，内容涵盖了使用该相机进行拍摄全流程所需掌握的各种摄影知识和技巧，包括 Canon EOS 6D Mark II 相机功能、菜单设置详解、镜头和附件的选择与使用、拍摄佳片必须掌握的摄影知识、突破拍摄瓶颈必须攻克的技术难点、各类常见题材实拍技法等。

本书在讲解各部分内容时，还加入了高手点拨与问答模块，精选了数位资深摄影师总结出来的 Canon EOS 6D Mark II 使用经验和技巧，以及摄影爱好者初上手使用 Canon EOS 6D Mark II 时可能遇到的各种问题、出现的原因和解决办法，以便帮助读者少走弯路或避免遇到这些问题时求助无门的烦恼。

通过阅读本书，相信各位摄友一定能够玩转手中的 Canon EOS 6D Mark II 并迅速提高摄影水平，从而拍摄出精彩、漂亮的大片。

图书在版编目（CIP）数据

Canon EOS 6D Mark II 数码单反摄影圣经/雷波编著.
北京：化学工业出版社，2018.5（2025.1重印）
ISBN 978-7-122-31826-8

Ⅰ.①C… Ⅱ.①雷… Ⅲ.①数字照相机-单镜头反光照相机-摄影技术 Ⅳ.①TB86②J41

中国版本图书馆 CIP 数据核字(2018)第 058431 号

责任编辑：孙　炜　王思慧　　　　　　　　　　　装帧设计：王晓宇
责任校对：王　静

出版发行：化学工业出版社（北京市东城区青年湖南街 13 号　邮政编码 100011）
印　　装：北京建宏印刷有限公司
787mm×1092mm　1/16　印张 16　字数 400 千字　2025 年 1 月北京第 1 版第 5 次印刷

购书咨询：010-64518888　　　　　　　售后服务：010-64518899
网　　址：http://www.cip.com.cn
凡购买本书，如有缺损质量问题，本社销售中心负责调换。

定　　价：99.00 元

前 言

如何利用手中的相机拍出好照片，除了研究相机使用说明书、上网查阅相关资料、请教有经验的摄友等方式外，系统学习介绍该相机使用方法及技巧方面的专业书籍是最高效、简单的方法。本书是一本摄影菜鸟及高手都值得拥有的Canon EOS 6D Mark II 摄影大全及速查手册，能够帮助读者全面、深入、细致地了解和掌握Canon EOS 6D Mark II相机，可以解决读者在相机使用与拍摄过程中遇到的所有常见问题。

首先，本书通过丰富的示例和精美的图示对Canon EOS 6D Mark II 的绝大多数菜单及功能设置方法进行了详细讲解，包括掌握Canon EOS 6D Mark II从机身开始，掌握相机的基本设定和操作方法，掌握回放与浏览影像设定，掌握白平衡、色彩空间与照片风格设定，掌握测光与曝光模式设定，掌握曝光参数设定及曝光技法，掌握对焦设定，掌握实时显示与动画设定，掌握拍摄时的相机操作设定等，以帮助读者掌握相机的各项功能及实拍设置方法。

其次，结合Canon EOS 6D Mark II 相机的特点，本书对使用该相机拍出好照片所需掌握的摄影知识，特别是突破拍摄瓶颈所需攻克的技术难点进行了深入剖析，如白平衡偏移、自动包围曝光、18%中性灰测光原理、曝光锁定、利用柱状图判断曝光是否准确、手动对焦、不同光线下拍摄的要点、必须掌握的完美构图法则等，使每一位读者在摄影理论和技术上都能得到明显提高。

第三，本书讲解了丰富的镜头和附件知识，包括能够与该相机匹配的8款镜头详细点评、5种常用滤镜的使用技巧，这些知识无疑能够帮助读者充分发挥Canon EOS 6D Mark II 的潜能，使自己成为真正的玩家。

第四，本书详细讲解了各类摄影题材的实战技法，如时尚美女、可爱儿童、山峦、树木、草原、溪流与瀑布、河流与湖泊、海洋、冰雪、雾景、蓝天白云、日出日落、银河、星轨、闪电、彩虹、雨景、建筑、城市夜景、花卉、昆虫、鸟类等，基本上涵盖了初中级摄影爱好者可能拍摄到的各类题材，相信掌握了这些题材的拍摄技法后，各位读者就能够成为一个较为资深的摄影者。

本书在讲解各部分内容时，还加入了高手点拨与Q&A模块，精选了数位资深摄影师总结出来的Canon EOS 6D Mark II 使用经验和技巧，以及摄影爱好者初上手使用Canon EOS 6D Mark II 时可能遇到的各种问题、问题出现的原因和解决办法，以便帮助读者少走弯路或避免遇到这些问题时求助无门的烦恼。

为了方便及时与笔者交流与沟通，欢迎读者朋友加入光线摄影交流QQ 群（群12：327220740）。此外，关注我们的微博http://weibo.com/leibobook 或微信公众号FUNPHOTO，每日接收全新、实用的摄影技巧。也可以拨打服务电话13011886577与我们沟通交流。

编著者

2018年2月

目录

Chapter
05　掌握测光与曝光模式设定

Chapter
06 掌握曝光参数设定及曝光技法

Chapter
07 掌握对焦设定

Chapter
08　掌握实时显示与动画设定

Chapter
11 为 Canon EOS 6D Mark Ⅱ
选择合适的镜头

Chapter
09 掌握拍摄时的相机
操作设定

Chapter
10 掌握 Wi-Fi 功能设定

Chapter 12 用滤镜为照片添色增彩

Chapter 13 Canon EOS 6D Mark Ⅱ 高手实战准确用光攻略

Chapter
14 Canon EOS 6D Mark II
高手实战完美构图攻略

Chapter
15 Canon EOS 6D Mark II
风光摄影高手实战攻略

Chapter
18
Canon EOS 6D Mark Ⅱ 生态自然摄影高手实战攻略

Chapter
17
Canon EOS 6D Mark Ⅱ 美女、儿童摄影高手实战攻略

Chapter 01

掌握 Canon EOS 6D Mark II 从机身开始

焦距：60mm 光圈：F5.6 快门速度：1/500s 感光度：ISO100

Canon EOS 6D Mark Ⅱ 相机正面结构

遥控感应器

可以使用 RC-6 遥控器在最远 5m 处拍摄。应把遥控器的方向指向该遥控感应器，遥控感应器才能接收到遥控器发出的信号，并完成对焦和拍摄任务。RC-6 可以进行立即拍摄或 2s 延时拍摄

镜头安装标志

将镜头上的红色标志与机身上的红色标志对齐，旋转镜头即可完成安装

镜头释放按钮

用于拆卸镜头，按下此按钮并旋转镜头的镜筒，可以把镜头从机身上取下来

快门按钮

半按快门可以开启相机的自动对焦及测光系统，完全按下时完成拍摄。当相机处于省电状态时，轻按快门可以恢复工作状态

镜头固定销

用于稳固机身与镜头之间的连接

内置麦克风

在拍摄短片时，可以通过此麦克风录制单声道音频

自拍指示灯

当设置 2s 或 10s 自拍功能时，此灯会连续闪光进行提示

手柄（电池仓）

在拍摄时，用右手持握此处。该手柄遵循人体工程学的设计，持握非常舒适

景深预览按钮

按下景深预览按钮，可以将镜头光圈缩小到当前使用的光圈值，因此可以更真实地观察到以当前光圈拍摄的画面景深效果

触点

用于相机与镜头之间传递信息。将镜头拆下后，请装上机身盖，以免刮伤电子触点

镜头卡口

用于安装镜头，并与镜头之间传递距离、光圈、焦距等信息

反光镜

未拍摄时反光镜为落下状态；拍摄时反光镜会升起，并按照指定的曝光参数进行曝光。反光镜升起和落下时会产生一定的机震，尤其是使用 1/30s 以下的低速快门时更为明显，使用反光镜预升功能可以避免由于机震而导致画面模糊

Canon EOS 6D Mark II 相机背面结构

菜单按钮

用于启动相机内的菜单功能。在菜单中可以对画质、日期/时间等功能进行设置

信息按钮

在使用取景器拍摄时，按下此按钮，可以在电子水准仪和速控屏幕之间切换；在回放模式、实时显示拍摄模式及短片拍摄模式下，每次按下此按钮，会依次切换信息显示

屈光度调节旋钮

向左或向右转动旋钮，调整取景器的清晰度。如果旋钮不容易转动，请卸下眼罩

开始/停止按钮

用于开始或停止实时显示/短片拍摄状态

设置按钮

用于菜单功能选择的确认，类似于其他相机上的 OK 按钮

液晶监视器

使用液晶监视器可以设定菜单功能、使用实时显示拍摄、拍摄短片以及回放照片和短片。另外，液晶监视器是可触摸控制的，可以通过手指点击、滑动来操作

速控按钮

按此按钮将显示速控屏幕，从而进行相关设置

自动曝光锁/闪光曝光锁按钮

在拍摄模式下，按此按钮可以锁定自动曝光或闪光曝光，可以以相同曝光值拍摄多张照片

索引/放大/缩小按钮

在回放照片时，使用此按钮可以在一定比例范围内对照片进行放大，配合主拨盘使用时，逆时针转动可以切换为索引显示，顺时针转动可以放大照片

自动对焦点选择按钮

在拍摄模式下，按下此按钮可以显示自动对焦点，然后按多功能控制钮来选择自动对焦点的位置

眼罩
推眼罩的底部即可将其拆下

取景器目镜
在拍摄时，可通过观察取景器目镜里面的景物进行取景构图

实时显示拍摄 / 短片拍摄开关
将此开关设置为□，可以选择实时显示拍摄，切换至'貝可以选择短片拍摄

数据处理指示灯
拍摄照片、正在将数据传输到存储卡以及正在记录、读取或删除存储卡上的数据时，该指示灯将会亮起或闪烁

自动对焦启动按钮
在 P、Tv、Av、M、B 曝光模式下，按下此按钮与半按快门的效果一样；在实时显示和短片拍摄模式下，可以使用此按钮进行对焦

回放按钮
按下此按钮可以回放刚刚拍摄的照片，还可以使用放大或缩小按钮对照片进行放大或缩小。当再次按下回放按钮时，可返回拍摄状态

删除按钮
在回放照片模式下，按下此按钮可以删除当前照片。照片一旦被删除，将无法恢复

多功能锁开关
当将其推至上方时，可以锁定主拨盘、速控转盘、多功能控制钮或触摸操作，以防止因其移动而改变参数设置；当推至下方时即可解锁

多功能控制按钮
多功能控制钮包含八个方向键和中间的一个按钮，使用该控制钮可以选择自动对焦点、校正白平衡、在实时显示拍摄期间移动自动对焦点或放大框、在回放期间滚动放大的图像、操作速控屏幕等；对于菜单和速控屏幕而言，只能在上下和左右方向工作

速控转盘
按一个功能按钮后，转动速控转盘，可以完成相应的设置；直接转动速控转盘可设定曝光补偿量或在手动曝光模式下设置光圈值

Canon EOS 6D Mark Ⅱ 相机顶部结构

热靴
用于外接闪光灯，热靴上的触点正好与外接闪光灯上的触点相合。也可以外接无线同步器，在有影室灯的情况下起引闪的作用

自动对焦操作 / 自动对焦方式选择按钮
按下此按钮，转动主拨盘或速控转盘可以选择动对焦模式；在实时显示拍摄模式下，按下此按钮，然后◀或▶方向键可以选择所需的自动对焦模式，按住此按钮并转动主拨盘可调节自动对焦方式

模式转盘锁释放按钮
只需按住转盘中央的模式转盘锁释放按钮，转动模式转盘即可选择拍摄模式

闪光同步触点
用于相机与闪光灯之间焦距、测光等信息的传递

自动对焦区域选择模式按钮
按下此按钮，可以显示自动对焦区域选择模式界面，然后每按一次此按钮，就切换一次自动对焦区域模式

背带环
用于安装相机背带

液晶显示屏照明按钮
按下此按钮可开启 / 关闭液晶显示屏照明功能

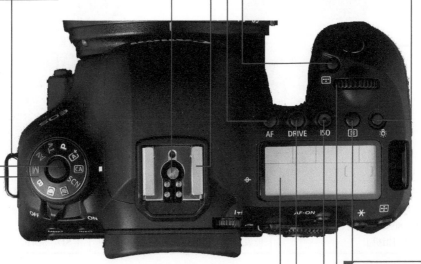

测光模式选择按钮
按住此按钮，然后转动主拨盘或速控转盘，可以选择测光模式

液晶显示屏
用于显示拍摄时的各种参数

主拨盘
使用主拨盘可以设置快门速度、光圈、自动对焦模式、ISO 感光度等

模式转盘
用于选择拍摄模式，包括场景智能自动曝光模式、创意自动模式、特殊场景模式以及 P、Tv、Av、M、B、C1、C2 等模式。使用时要按住模式转盘锁释放按钮，然后旋转模式转盘，使相应的模式对准右侧的小白线即可

驱动模式选择按钮
按住此按钮，转动主拨盘可以选择驱动模式

ISO 感光度设置按钮
按住此按钮，然后转动主拨盘或速控转盘可以调节 ISO 感光度数值

Canon EOS 6D Mark Ⅱ 相机侧面结构

外接麦克风输入端子
通过将带有立体声微型插头的外接麦克风连接到相机的外接麦克风输入端子，便可录制立体声

数码端子
用 AV 线可将相机与电脑连接起来，可以在电脑上观看图像；连接打印机可以进行打印

HDMI mini 端子
此端口用于将相机与 HD 高清晰度电视机连接在一起。但是，HDMI 连接线 HTC-100 需要另外购买

扬声器
用于播放短片的声音

遥控端子盖
打开此盖，可以将快门线 RS-80N3、定时遥控器 TC-80N3 或任何装有 N3 型端子的附件连接到相机上

N 标记
当开启相机和智能设备的 NFC 功能时，可以使用 NFC 功能在相机和智能设备之间进行 Wi-Fi 连接

存储卡插槽盖
打开此插槽盖，可以安装或取出存储卡。本相机支持使用 SD、SDHC 或 SDXC 存储卡

Canon EOS 6D Mark Ⅱ 相机底部结构

电池仓盖释放杆
用于安装和更换锂离子电池。安装电池时，应先移动电池仓盖释放杆，然后打开舱盖

脚架接孔
用于将相机固定在脚架上。可通过顺时针转动脚架快装板上的旋钮，将相机固定在脚架上

电池仓盖
打开电池舱盖后可拆装电池

Canon EOS 6D Mark Ⅱ 相机液晶显示屏

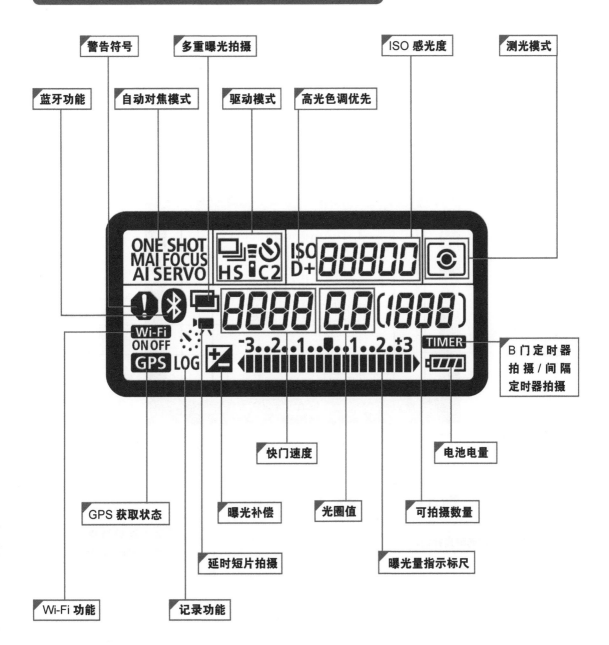

警告符号

多重曝光拍摄

ISO 感光度

测光模式

蓝牙功能

自动对焦模式

驱动模式

高光色调优先

B 门定时器拍摄 / 间隔定时器拍摄

GPS 获取状态

曝光补偿

光圈值

可拍摄数量

快门速度

电池电量

延时短片拍摄

曝光量指示标尺

Wi-Fi 功能

记录功能

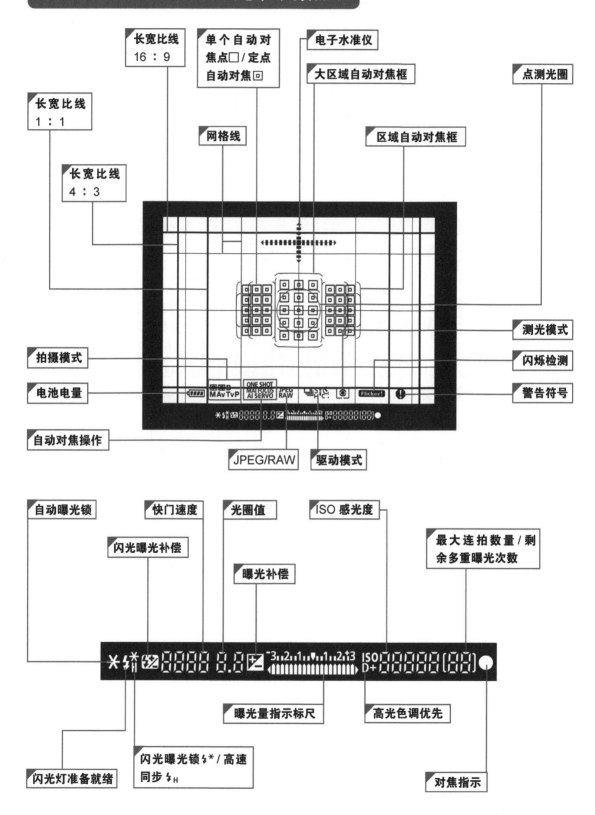

Canon EOS 6D Mark Ⅱ 光学取景器

长宽比线 16：9

单个自动对焦点□ / 定点自动对焦◉

电子水准仪

大区域自动对焦框

点测光圈

长宽比线 1：1

网格线

区域自动对焦框

长宽比线 4：3

拍摄模式

电池电量

测光模式

闪烁检测

警告符号

自动对焦操作

JPEG/RAW

驱动模式

自动曝光锁

快门速度

光圈值

ISO 感光度

闪光曝光补偿

最大连拍数量 / 剩余多重曝光次数

曝光补偿

曝光量指示标尺

高光色调优先

闪光灯准备就绪

闪光曝光锁ϟ* / 高速同步ϟH

对焦指示

Canon EOS 6D Mark II 速控屏幕

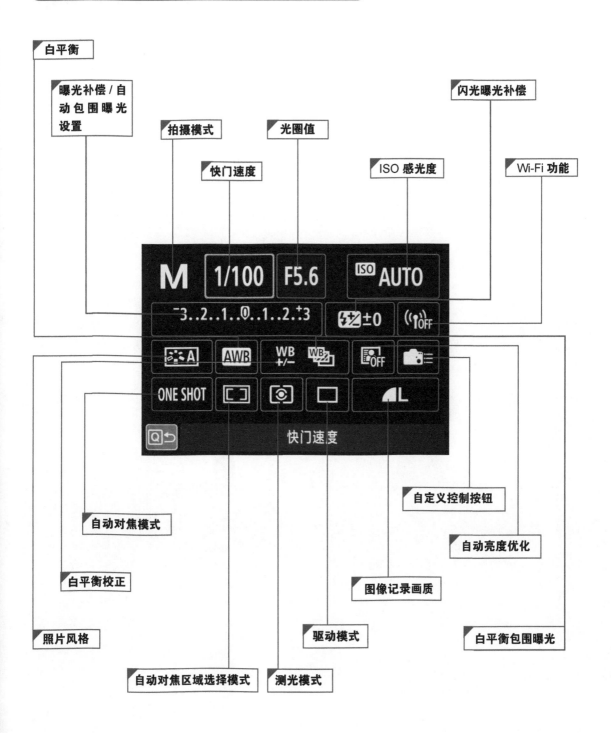

白平衡

曝光补偿 / 自动包围曝光设置

拍摄模式

光圈值

闪光曝光补偿

快门速度

ISO 感光度

Wi-Fi 功能

自定义控制按钮

自动对焦模式

自动亮度优化

白平衡校正

图像记录画质

照片风格

驱动模式

白平衡包围曝光

自动对焦区域选择模式

测光模式

焦距：50mm 光圈：F10 快门速度：1/1600s 感光度：ISO100

Chapter 02
掌握相机的基本设定
及操作方法

使用Canon EOS 6D Mark II的速控屏幕设置参数

什么是速控屏幕

Canon EOS 6D Mark II的机身背面有一块较大的显示屏，被称为"液晶监视器"。可以说，Canon EOS 6D Mark II所有的查看与设置工作，都需要通过液晶监视器来完成，如回放照片及拍摄参数设置等。

速控屏幕就是指液晶监视器显示参数的状态，在开机的情况下，按下机身背面的Q按钮即可开启速控屏幕。

▲ 按下Q按钮开启速控屏幕后的液晶监视器显示状态

使用速控屏幕设置参数的方法

使用速控屏幕设置参数的方法如下。

❶ 要显示速控屏幕，可以在打开相机的情况下，按下机身背面的Q按钮。

❷ 使用多功能控制钮✧选择要设置的功能。转动主拨盘🎛或速控转盘◎即可更改设置。

❸ 如果在选择一个项目后，按下SET按钮，则可以进入该项目的详细设置界面。

❹ 调整参数后再次按下SET按钮，即可返回上一级界面。

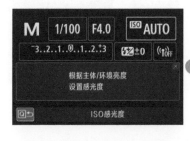
❶

❷

❸

由于Canon EOS 6D Mark II的液晶监视器具有触摸功能，因此上述操作均可通过手指直接点击来完成。

Canon EOS 6D Mark II 菜单基本设置方法

机身上与菜单设置相关的功能按钮

C anon EOS 6D Mark II 的菜单功能比较丰富，熟练掌握与菜单相关的操作，可以帮助我们更快速、准确地进行参数设置。下面先介绍机身上与菜单设置相关的功能按钮。

● 菜单按钮

按下此按钮即可在显示屏中显示菜单项目

● 液晶监视器

用于显示菜单项目

● 多功能控制钮

用于选择菜单命令

● SET按钮

用于选择菜单命令或确认当前的设置

通过点击触摸屏设置菜单

由于 Canon EOS 6D Mark II 的液晶监视器是触摸屏，因此，操作起来很简单。下面以设置照片风格为例，介绍通过点击设置菜单参数的操作方法。

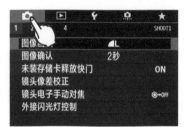

❶ 点击选择**拍摄菜单**图标，即可切换到该菜单设置页

❷ 点击 3 图标切换到**拍摄菜单** 3 设置页，然后点击选择**高 ISO 感光度降噪功能**选项，即可进入其详细参数设置界面

❸ 点击选择**标准**选项，然后点击 SET OK 图标确定，即可将高 ISO 感光度降噪功能设置为标准降噪

利用机身按钮设置拍摄参数

Canon EOS 6D Mark II 的液晶显示屏是在参数设置时不可或缺的重要部件，可以满足大部分常用参数设置的需要，耗电量又非常低，且便于观看，非常推荐用户使用。

通常情况下，使用液晶显示屏设置参数时，应先在机身上按下相应的按钮，然后转动主拨盘或速控转盘，即可调整相应的参数。当然，在某些拍摄模式下，直接转动主拨盘或速控转盘即可设置光圈、快门速度等参数，而无须按下任何按钮。左侧的操作示意图展示了通过液晶显示屏设置 ISO 数值的操作方法。

实拍操作：按下 ISO 按钮，转动主拨盘 🔅 即可调整感光度数值。

设置照片存储格式、文件尺寸与画质

设置照片存储格式

在 Canon EOS 6D Mark II 中，可以设置 JPEG 与 RAW 两种文件存储格式。其中，JPEG 是最常用的图像文件格式，它通过压缩的方式去除冗余的图像数据，在获得极高压缩率的同时，能展现十分丰富、生动的图像，且兼容性好，广泛应用于网络发布、照片洗印等领域。

RAW 原意是"未经加工"，它是数码相机专有的文件存储格式。RAW 文件既记录了数码相机传感器的原始信息，同时又记录了由相机拍摄所产生的一些源数据（如相机型号、快门速度、光圈、白平衡等）。准确地说，它并不是某个具体的文件格式，而是一类文件格式的统称。例如，在 Canon EOS 6D Mark II 中，RAW 格式文件的扩展名为 CR2，这也是目前所有佳能相机统一的 RAW 文件格式扩展名。

使用 RAW 格式拍摄的优点

■可在计算机上对照片进行更细致的处理，包括白平衡调节、高光区调节、阴影区调节；清晰度、饱和度控制及周边光量控制；还可以对照片的噪点进行处理，或重新设置照片的拍摄风格。

■可以使用最原始的图像数据（直接来自于传感器），而不是经过处理的信息，这毫无疑问将获得更好的效果。

■可以采用14位图片文件进行高位编辑，这意味着包含更多的色调，可以使照片获得更平滑的梯度和色调过渡效果。在14位模式下操作时，可使用的数据更多。

① 在**拍摄菜单** 1 中点击选择**图像画质**选项

② 点击选择所需要的画质选项，然后点击 SET OK 图标确认

▲ 表示将照片存储为 RAW 格式

▲ 表示将照片存储为优画质的中等 JPEG 格式

如何处理 RAW 格式文件

当前能够处理 RAW 格式文件的软件不少。如果希望用佳能原厂提供的软件，可以使用 Digital Photo Professional。此软件是佳能公司开发的一款用于照片处理和管理的软件，缩写为 DPP，能够处理佳能数码单反相机拍摄的 RAW 格式文件，操作较为简单。

如果希望使用更专业一些的软件，可以考虑使用 Photoshop，此软件自带 RAW 格式文件处理插件，能够处理各类 RAW 格式文件，而不仅限于佳能数码相机所拍摄的数码照片，其功能更强大。

高手点拨

如果使用Photoshop软件无法打开使用Canon EOS 6D Mark II 拍摄并保存的扩展名为CR2的RAW格式文件，则需要升级Adobe Camera Raw软件。此软件会根据新发布的相机型号，不断地更新升级包，以确保使用此软件能够打开各种相机保存的RAW格式文件。

▲ DPP 软件界面

设置照片分辨率

　　分辨率是指每单位面积所能显示像素的多少，照片的分辨率越高，在计算机后期处理时裁剪的余地就越大，同时文件所占的空间也就越大。

　　Canon EOS 6D Mark Ⅱ可拍摄图像的最大分辨率为 6240×4160，相当于 2600 万像素，因而拍摄的照片有很大的剪裁处理空间。

　　Canon EOS 6D Mark Ⅱ各种画质的格式、记录的像素量、文件大小、可拍摄数量及最大连拍数量（依据 8GB SD 存储卡、高速连拍、ISO100、3：2 长宽比、标准照片风格的测试标准）如下表所示。

图像画质	记录的像素量	打印尺寸	文件大小 (MB)	可拍摄数量	最大连拍数量	
					标准	高速
JPEG						
◢L	26M	A2	7.5	1000	110	150
◢L			3.8	1950	150	150
◢M	12M	A3	4.0	1870	150	150
◢M			2.1	3570	150	150
◢S1	6.5M	A4	2.6	2820	150	150
◢S1			1.4	5310	150	150
S2	3.8M	A5	1.8	4170	150	150
RAW						
RAW	26M	A2	32.6	200	18	21
M RAW	15M	A3	25.3	250	21	23
S RAW	6.5M	A4	17.4	340	25	25
RAW+JPEG						
RAW + ◢L	26M+26M	A2+A2	32.6+7.5	160	17	19
M RAW + ◢L	15M+26M	A3+A2	25.3+7.5	200	18	18
S RAW + ◢L	6.5M+26M	A4+A2	17.4+7.5	250	19	19

设置图像画质

确定了照片的存储格式与文件尺寸后，还要设置图像画质，即照片的压缩类型，Canon EOS 6D Mark II 可设置的每一种文件尺寸均有"优"与"普通"两种画质选项。不同文件尺寸"优"类画质的文件格式图标分别为◢L、◢M、◢S，不同文件尺寸"普通"类画质的文件格式图标分别为◢L、◢M、◢S。

如果选择"优"类画质文件格式，则拍出照片的画质优秀、细节丰富，但文件也会相应大一些，拍摄商业静物、人像、风光等题材时，通常要选择此类画质。如果选择"普通"类画质文件格式，则相机自动压缩照片，照片的细节会有一定损失，但如果不放大仔细观察，这种损失并不明显。

▲ 放大观察，照片的细节仍然很清晰

◀ 在拍摄时将图像画质设置为"优"，即使放大观察，照片的细节仍然很清晰（焦距：50mm 光圈：F11 快门速度：1/125s 感光度：ISO100）

清除全部相机设置

利用"清除全部相机设置"功能可以一次性清除所有设定的自定义功能，将相机的设置恢复到出厂时的状态。在拍摄时，如果遇到了暂时无法解决的拍摄或设置问题，可以尝试采用这种方法来解决。

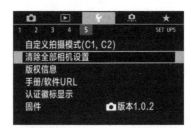

❶ 在**设置菜单 5** 中，点击选择**清除全部相机设置**选项

❷ 点击选择**确定**选项

自动关闭电源节省电力

在实际拍摄中，为了节省电池的电力，可以在"自动关闭电源"菜单中选择自动关闭电源的时间。如果在指定时间内不操作相机，相机将会自动关闭电源，从而节省电池的电量。

高手点拨

在实际拍摄中，可以将"自动关闭电源"设置为2分钟或4分钟，这样既可以保证抓拍的即时性，又可以最大限度地节电。

将"自动关闭电源"时间设置得越短，对节省电池电量就越有利。当摄影师身处严寒的环境中拍摄时，这样的设置就显得尤其重要，因为在低温环境中电池电量的消耗速度往往是常温下的几倍。

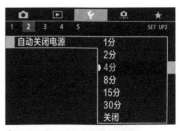

❶ 在**设置菜单 2** 中点击选择**自动关闭电源**选项

❷ 点击选择自动关闭电源的时间

■ 1 分/2 分/4 分/8 分/15 分/30分：选择任一选项，相机将会在选择的时间关闭电源。

■ 关闭：选择此选项，即使在30分钟内不操作相机，相机也不会自动关闭电源。在液晶监视器被自动关闭后，按下任意按钮均可唤醒相机。

▲ 在严寒的雪地中拍摄时，建议开启"自动关闭电源"功能并尽可能地设置较短的时间，以节省相机的电量（焦距：24mm 光圈：F8 快门速度：1/250s 感光度：ISO100）

设置照片存储文件夹

可以使用"选择文件夹"菜单指定或重新创建一个文件夹来保存拍摄的照片。通常情况下，在文件夹被装满后，相机会默认创建另一个新的文件夹，因此这一功能并不常被人用到，除非在拍摄时希望对照片进行分类保存，此时就可以通过此功能来实现。

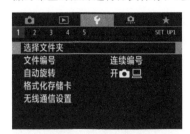

❶ 在**设置菜单** 1 中点击选择**选择文件夹**选项

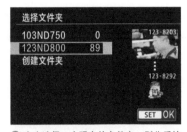

❷ 点击选择一个现有的文件夹，则此后拍摄的照片将被记录在选定的文件夹中

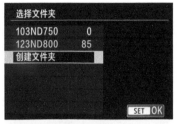

❸ 如果在步骤❷中点击选择**创建文件夹**选项，并点击 SET OK 图标可以创建一个文件夹编号增加 1 的新文件夹

格式化存储卡清除空间

通常情况下，在使用新的存储卡或在计算机中格式化过的旧存储卡时，都应该使用"格式化存储卡"功能对其进行格式化，以删除存储卡中的全部数据。

需要注意的是，一般在格式化存储卡时，存储卡中的所有图像和数据都将被删除，即使被保护的图像也不例外，因此需要在格式化之前将所要保留的图像文件转存到新的存储卡或计算机中。

❶ 在**设置菜单** 1 中点击选择**格式化存储卡**选项

❷ 点击选择**确定**选项。如果点击勾选了**低级格式化**选项，则可以低级格式化存储卡

高手点拨

对于新的存储卡或者被其他相机、计算机使用过的存储卡，在使用前建议进行一次格式化，以免发生记录格式错误。另外，虽然现在互联网上流传着各种数据恢复软件，如Finaldata、EasyRecovery等，但实际上要恢复被格式化的存储卡中的所有数据，仍然有一定困难。而且即使有部分数据被恢复出来，也有可能出现文件无法识别、文件名成为乱码的情况，因此不可抱有侥幸心理。

Q 什么是低级格式化？

A 低级格式化是相对于高级格式化而言的。从原理上来看，对存储卡的格式化操作可以分为两种，第一种是较为常用的高级格式化，第二种是不常用的低级格式化。高级格式化仅仅是清除数据，重新生成引导信息，初始化文件配置表；而低级格式化则是对存储卡重新划分柱面和磁道，再将磁道划分为若干个扇区，并对每个扇区进行重新标识，这种格式化是一种对存储卡有损耗性的操作，会影响存储卡的使用寿命。

Q 什么情况下要进行低级格式化？

A 如果感觉存储卡的记录或读取速度较慢或者想要彻底删除存储卡中的所有数据（基本上用任何软件均无法恢复），可以进行低级格式化。

另外，如果对存储卡进行高级格式化后，始终无法正常读写存储卡，也可以尝试对存储卡进行低级格式化。

镜头像差校正

使用广角镜头或大光圈镜头在光圈全开的情况下拍摄时，照片的四周会经常出现暗角。这是由于镜头的镜片结构是圆形的，而成像的图像感应器是矩形的，射进镜头的光线受到部分遮挡，因此在画面的四周就会形成暗角。

有时被摄体轮廓上还会出现像差，这是因为不同颜色光线的波长不同，因此光透过镜片时的折射率也不相同，从而形成了色晕和颜色错位。

利用Canon EOS 6D Mark II提供的"镜头像差校正"功能能够很好地纠正这两种问题。

进入"镜头像差较正"菜单，会显示当前所使用镜头的型号和参数。但如果使用的是非佳能原厂的镜头，则建议关闭该功能。

❶ 在**拍摄菜单**1中点击选择**镜头像差校正**选项

❷ 点击选择**周边光量校正**选项

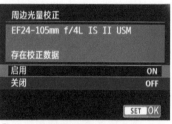

❸ 点击选择**关闭**或**启用**周边光量校正功能

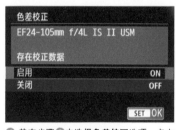

❹ 若在步骤❷中选择**色差校正**选项，点击选择**启用**或**关闭**色差校正功能

❺ 若在步骤❷中选择**失真校正**选项，点击选择**启用**或**关闭**失真校正功能

❻ 若在步骤❷中选择**衍射校正**选项，点击选择**启用**或**关闭**衍射校正功能

▲ 开启"镜头像差校正"功能后，暗角问题得到明显改善（焦距：24mm 光圈：F13 快门速度：0.6s 感光度：ISO100）

高手点拨

如果以JPEG格式保存照片，建议选择"启用"选项，通过校正改善暗角问题；如果以RAW格式保存照片，建议选择"关闭"选项，然后在其他专业照片处理软件中校正此问题。

强烈推荐使用佳能随机附赠的数码照片处理软件——Digital Photo Professional（简称DPP），该软件具有数码镜头优化功能，能够通过基于解决光学系统缺陷的图像处理算法技术来提高照片的画质。

焦距：90mm　光圈：f/16　快门速度：0.8s　感光度：ISO50

Chapter **03**

掌握回放与浏览影像设定

认识播放状态下显示屏显示的参数

在 照片处于播放状态时，液晶监视器上显示的信息如右图所示，通过这些信息可以较全面地了解所拍摄的照片。

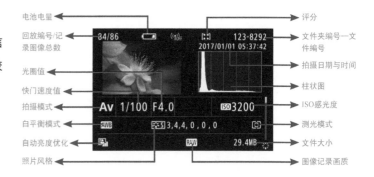

电池电量
回放编号/记录图像总数
光圈值
快门速度值
拍摄模式
白平衡模式
自动亮度优化
照片风格

84/86　123-8292　2017/01/01 05:37:42
Av　1/100　F4.0　ISO3200
AWB　3,4,4,0,0,0　29.4MB　RAW

评分
文件夹编号—文件编号
拍摄日期与时间
柱状图
ISO感光度
测光模式
文件大小
图像记录画质

掌握回放照片的基本操作

在回放照片时，可以进行放大、缩小、信息显示、前翻、后翻及删除照片等多种操作，由于 Canon EOS 6D Mark Ⅱ 的液晶监视器是触摸屏，因此除了可以通过机身按钮来回放照片外，还可以操作触摸屏回放照片，操作方法很简单。

下面通过图示来说明通过 Canon EOS 6D Mark Ⅱ 的机身按钮回放照片的基本操作方法。

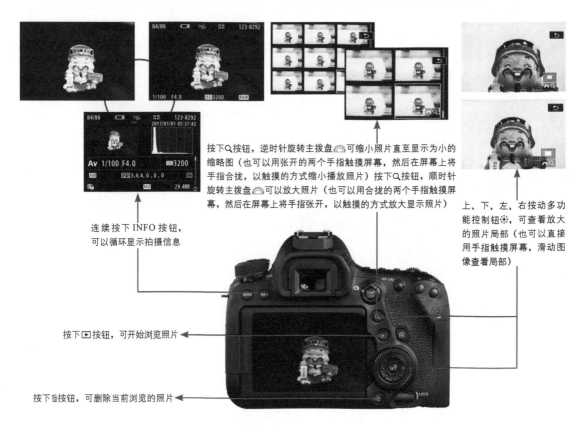

按下Q按钮，逆时针旋转主拨盘可缩小照片直至显示为小的缩略图（也可以用张开的两个手指触摸屏幕，然后在屏幕上将手指合拢，以触摸的方式缩小播放照片）按下Q按钮，顺时针旋转主拨盘可以放大照片（也可以用合拢的两个手指触摸屏幕，然后在屏幕上将手指张开，以触摸的方式放大显示照片）

连续按下 INFO 按钮，可以循环显示拍摄信息

上、下、左、右按动多功能控制钮，可查看放大的照片局部（也可以直接用手指触摸屏幕，滑动图像查看局部）

按下▶按钮，可开始浏览照片

按下🗑按钮，可删除当前浏览的照片

设置图像确认时间控制拍摄后预览时长

为了方便拍摄后立即查看拍摄结果，可以在"图像确认"菜单中设置拍摄后在液晶监视器上显示图像的时间长度。

■关：选择此选项，拍摄完成后相机不会自动显示图像。

■2秒/4秒/8秒：选择不同的选项，可以控制相机显示图像的时长为2秒、4秒或8秒。

■持续显示：选择此选项，相机会在拍摄完成后保持图像的显示，直到自动关闭电源为止。

> **高手点拨**
>
> 如果是为了省电或省时间，建议选择"关"选项；否则可以选择"2秒"，因为这一时长已经足够对照片的品质做出判断了。

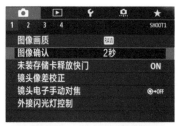

❶ 在**拍摄菜单** 1 中点击选择**图像确认**选项

❷ 点击选择图像确认的时间

保护照片防止误删除

使用"保护图像"功能可以防止照片被误删。被选中保护的图像会在屏幕上方出现一个🔒标记，表示该图像已被保护，无法使用相机的删除功能将其删除。

除了使用菜单进行操作外，还可以在照片处于播放状态时，按下🅠按钮，然后在显示的速控屏幕中选择🔒图标，并选择"启用"选项，即可将该照片保护起来。

> **高手点拨**
>
> 如果对存储卡进行格式化，那么即使图像被保护，也会被删除。

❶ 在**回放菜单** 1 中点击选择**保护图像**选项

❷ 点击选择一个选项，例如选择**选择图像**选项

❸ 向左或向右滑动选择要保护的图像

❹ 按下 SET 按钮或点击 SET 🔒 图标即可锁定当前图像

▲ 在机身上按下🅠按钮

▲ 在显示的速控屏幕中点击选择🔒图标

删除图像以清除无用照片

在 删除图像时，既可以使用相机的删除按钮 🗑 逐个选择删除，也可以通过相机内部的"删除图像"菜单进行批量删除。

■ 选择并删除图像：选择此选项，可以选中单张或多张照片进行删除。

■ 文件夹中全部图像：选择此选项，可以删除某个文件夹中的全部图像。

■ 存储卡中全部图像：选择此选项，可以删除当前存储卡中的全部图像。

① 在**回放菜单**1中点击选择**删除图像**选项

② 点击选择删除照片的方式

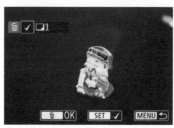

③ 向左或向右滑动选择要删除的图像，然后点击 SET ✓ 图标进行勾选，选择完成后点击 🗑 OK 图标

④ 点击选择**确定**选项，即可删除选定的照片

旋转图像以利于查看

利用"旋转图像"功能可以将显示的图像旋转到所需的方向。

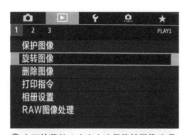

① 在**回放菜单**1中点击选择**旋转图像**选项

除了利用菜单对照片进行旋转外，还可以在播放照片时按下 ▶ 按钮，通过速控屏幕来完成图像的旋转操作。

② 左右滑动选择要旋转的照片

③ 连续点击 SET 图标将顺时针、逆时针旋转90°，最后恢复原始状态

① 选择**旋转图像**图标 ⟳，可以在相机内旋转照片

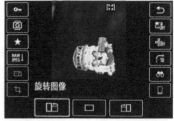

② 如果选择 ↻ 图标，可以按顺时针方向旋转照片，如果选择 ↺ 图标，可以按逆时针方向旋转照片

设置自动旋转控制竖拍照片显示方向

当 使用相机竖拍时，可以使用"自动旋转"功能将显示的图像旋转到所需要的方向。

■ 开 📷 💻：选择此选项，回放照片时，竖拍图像会在液晶监视器和计算机上自动旋转。

■ 开 💻：选择此选项，竖拍图像仅在计算机上自动旋转。

■ 关：照片不会自动旋转。

高手点拨

建议选择"开 📷 💻"选项，以便在回放照片时方便观察构图情况。但由于竖画幅的照片会被压缩显示，因此如果要查看照片的细节，这种显示方式并不可取。

❶ 在**设置菜单**1中点击选择**自动旋转**选项

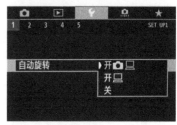

❷ 点击选择需要的选项

▲ 选择"开 📷 💻"选项后，浏览照片时竖拍照片自动旋转为竖直方向显示

▲ 选择"开 💻"或"关"选项时，浏览照片时竖拍照片仍然保持横向显示

◀ "开 📷 💻"选项非常适合拍摄人像，可以快速、方便地查看拍摄效果（焦距：35mm 光圈：F5.6 快门速度：1/200s 感光度：ISO100）

使用主拨盘 🔆 进行图像跳转

通 常情况下，可以使用速控转盘或多功能控制钮来跳转照片，但只支持每次跳转一个文件（照片、视频等）。如果想按照其他方式进行跳转，则可以使用主拨盘 🔆 并进行相关功能的设置，如每次跳转 10 张照片，或者按照日期、文件夹来显示图像。

❶ 在**回放菜单** 2 中选择**用 🔆 进行图像跳转**选项

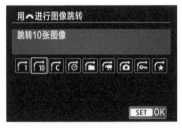

❷ 点击选择转动主拨盘 🔆 时的图像跳转方式，然后点击 **SET OK** 图标确认

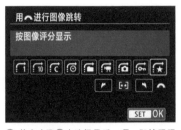

❸ 若在步骤❷中选择最后一项，即按照照片的星级进行跳转，可以点击 ◢ 或 ◥ 图标选择每次跳转的照片星级

- ■ 🔓：选择此选项并转动主拨盘，将逐个显示图像。
- ■ 🔟：选择此选项并转动主拨盘，将跳转10张图像。
- ■ 🔢：选择此选项并转动主拨盘，将按指定的张数跳转图像。
- ■ 📅：选择此选项并转动主拨盘，将按日期显示图像。
- ■ 📁：选择此选项并转动主拨盘，将按文件夹显示图像。
- ■ 🎬：选择此选项并转动主拨盘，将只显示短片。
- ■ 📷：选择此选项并转动主拨盘，将只显示静止图像。
- ■ 🔒：选择此选项并转动主拨盘，将只显示受保护的图像。
- ■ ★：选择此选项并转动主拨盘，将按图像评分显示图像。

RAW图像处理

在 Canon EOS 6D Mark Ⅱ相机中，可以用本机处理 RAW 照片的亮度、白平衡、照片风格、图像画质等设置，并存储为 JPEG 格式。但是S **RAW**和M **RAW**不能用本机处理，需要用随机附带的处理软件进行处理。

❶ 在回放菜单 1 中选择 RAW 图像处理选项

❷ 向左或向右滑动选择要处理的照片，然后点击 **SET** 图标

❸ 将显示出 RAW 处理选项，点击所需选项进入其设置界面

❹ 在设置界面中，点击选择所需要选项。当选择色温或照片风格时，还可以点击 INFO 图标进入详细设置界面

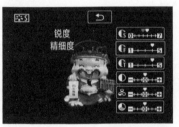

❺ 以照片风格详细设置界面为例，在此界面中可以对锐度、反差、饱和度及色调进行修改

❻ 当修改完成后，点击选择 图标

❼ 点击选择确定选项即可保存修改过的文件

高手点拨

除了使用菜单操作外，也可以在照片处于播放状态时，按下 回 按钮，在速控屏幕中选择 **RAW/JPEG** 图标，进入RAW图像处理界面。

➤ 利用 "RAW 图像处理" 功能，可以快速地在机内对 RAW 格式照片进行修饰（焦距：35mm 光圈：F8 快门速度：1/400s 感光度：ISO100）

焦距：16mm 光圈：F4 快门速度：1/15s 感光度：ISO400

Chapter 04

掌握白平衡、色彩空间
与照片风格设定

正确选择白平衡

了解白平衡的重要性

无论是在室外的阳光下，还是在室内的白炽灯光下，人的固有观念仍会将白色的物体视为白色，将红色的物体视为红色，我们有这种感觉是因为人的眼睛能够修正光源变化造成的色偏。实际上，当光源改变时，这些光的颜色也会发生变化，相机会精确地将这些变化记录在照片中，这样的照片在纠正之前看上去是偏色的，但其实这才是物体在当前环境中的真实色彩。

数码相机提供的白平衡功能，可以纠正不同光源下的色偏，就像人眼的功能一样，使偏色的照片得到纠正。

Canon EOS 6D Mark Ⅱ 提供了预设白平衡、手选色温及自定义白平衡 3 类白平衡功能，以满足不同的拍摄需求。

实拍操作：按下 Q 按钮显示速控屏幕，使用多功能控制钮 ❖ 选择白平衡选项，然后转动速控转盘或主拨盘选择所需的白平衡模式。

▼ 场景中的光线比较复杂，所以将白平衡设置为自定义模式，画面中草地和天空的颜色都得到了准确的还原（焦距：17mm 光圈：F13 快门速度：1/20s 感光度：ISO100）

正确选择预设白平衡

Canon EOS 6D Mark Ⅱ预设了7种白平衡模式，可以满足大多数日常拍摄的需求，下面分别加以介绍。

■ 自动白平衡：Canon EOS 6D Mark Ⅱ的自动白平衡具有非常高的准确率，在大多数情况下，都能够获得准确的色彩还原。

■ 日光白平衡：日光白平衡的色温值为5200K，适用于空气较为通透或天空有少量薄云的晴天。但如果是在正午时分，环境的色温值已经达到5800K，又或者是日出前、日落后，色温值仅有3000K左右，此时使用日光白平衡很难得到正确的色彩还原。

■ 阴影白平衡：阴影白平衡的色温值为7000K，在晴天的阴影中拍摄时，如建筑物或大树下的阴影，由于其色温较高，使用阴影白平衡模式可以获得较好的色彩还原。反之，如果不使用阴影白平衡，则会产生不同程度的蓝色，即所谓的"阴影蓝"。

■ 阴天白平衡：阴天白平衡的色温值为6000K，适合在云层较厚的天气或阴天拍摄时使用。

■ 钨丝灯白平衡：又称为白炽灯白平衡，其色温值为3200K。在某些室内环境拍摄时，如宴会、婚礼、舞台等，由于色温较低，因此采用钨丝灯白平衡可以得到较好的色彩还原。若此时使用自动白平衡，则很容易出现偏色（黄）的问题。

■ 白色荧光灯白平衡：白色荧光灯白平衡的色温值为4000K，在以白色荧光灯作为主光源的环境中拍摄时，能够得到较好的色彩还原。但如果是其他颜色的荧光灯，如冷白或暖黄等颜色的荧光灯，使用此白平衡模式得到的结果会有不同程度的偏色，因此还是应该根据实际拍摄环境来选择白平衡模式。建议先拍摄一张照片进行测试，以判断色彩还原是否准确。

■ 闪光灯白平衡：闪光灯白平衡的色温值为6000K。顾名思义，此白平衡在以闪光灯作为主光源时，能够获得较好的色彩还原。但要注意的是，不同的闪光灯，其色温值也不尽相同，因此还要通过实拍测试，才能确定色彩还原是否准确。

▼ 使用白色荧光灯白平衡拍摄时，可使照片中蓝色更加浓郁，画面也显得更加宁静（焦距：24mm　光圈：F10　快门速度：10s　感光度：ISO100）

灵活运用两种自动白平衡

　　Canon EOS 6D Mark Ⅱ 提供了两种自动白平衡模式，其中"自动：氛围优先"自动白平衡模式能够较好地表现出钨丝灯下拍摄的效果，即在照片中保留灯光下的红色色调，从而拍出具有温暖氛围的照片；而"自动：白色优先"自动白平衡模式可以抑制灯光中的红色，准确地再现白色。

　　另外，还要注意的是，"自动：氛围优先"与"自动：白色优先"自动白平衡模式的不同只有在色温较低的场景中才能表现出来，在其他条件下，使用两种自动白平衡模式拍摄出来的照片效果是一样的。

　　这两种自动白平衡模式只可以在菜单中进行切换。

❶ 在**拍摄菜单** 2 中点击选择**白平衡**选项

❷ 点击选择自动白平衡选项，然后点击 `INFO AWB→AWBw` 图标

▲ 选择"自动：白色优先"自动白平衡模式可以抑制灯光中的红色，拍摄出来的照片中模特的皮肤会显得更白皙、好看一些（焦距：85mm　光圈：F3.2　快门速度：1/40s　感光度：ISO400）

❸ 点击选择**自动：氛围优先**或**自动：白色优先**选项，然后点击 `SET OK` 图标确认

◀ 使用"自动：氛围优先"自动白平衡模式拍摄出来的照片暖色调更明显一些（焦距：85mm　光圈：F2.8　快门速度：1/50s　感光度：ISO400）

调整色温

无论是预设白平衡，还是自定义白平衡，其本质都是对色温的控制，Canon EOS 6D Mark Ⅱ支持的色温范围为2500~10000K，并可以以100K为增量进行调整。而预设白平衡的色温范围约为3000~7000K，只能满足日常拍摄的需求。

因此，在对色温有更高、更细致控制要求的情况下，如使用室内灯光拍摄时，很多光源（影室灯、闪光灯等）都是有固定色温的，通常在其产品规格中就会明确标出其发光的色温值，在拍摄时可以直接通过手调色温的方式设置一个特定的色温。

如果在无法确定色温的环境中拍摄，我们可以先拍摄几张样片进行测试和校正，以便找到此环境准确的色温值。

❶ 在**拍摄菜单2**中点击选择**白平衡**选项

❷ 点击选择**色温**选项，然后点击◀、▶图标选择色温值，选择完成后点击 SET OK 图标确认

常见光源或环境色温一览表

蜡烛及火光	1900K以下	晴天中午的太阳	5400K
朝阳及夕阳	2000K	普通日光灯	4500~6000K
家用钨丝灯	2900K	阴天	6000K以上
日出后一小时阳光	3500K	HMI灯	5600K
摄影用钨丝灯	3200K	晴天时的阴影下	6000~7000K
早晨及午后阳光	4300K	水银灯	5800K
摄影用石英灯	3200K	雪地	7000~8500K
平常白昼	5000~6000K	电视屏幕	5500~8000K
220 V 日光灯	3500~4000K	无云的蓝天	10000K以上

▲ 在户外自然光环境下拍摄人像，根据拍摄环境不同，通过手动调整色温的方式获得最自然的画面

实拍应用：在日出前利用阴天白平衡拍出暖色调画面

日出前的色温都比较高，画面呈冷色调效果，这是使用自动白平衡拍摄得到的效果。此时，如果使用阴天白平衡模式，可以让画面呈现完全相反的暖色调效果，而且整体的色彩看起来也更加浓郁。

▲ 将白平衡设置成阴天模式，画面呈现为暖色调

实拍应用：利用白色荧光灯白平衡拍出蓝调雪景

在拍摄蓝调雪景时，画面的最佳背景色莫过于蓝色，因为蓝色与白色的明暗反差较大，因此当用蓝色映衬白色时，白色会显得更白，这也是为什么许多城市的路牌都使用蓝底白字的原因。

要拍出蓝调的雪景，拍摄时间应选择日出前或下午时分。日出前的光线仍然偏冷，因此可以拍摄出蓝调的白雪；下午时分的光线相对透明，此时可以使用低色温的钨丝灯白平衡来获得色调偏冷的蓝调雪景。

▲ 在清晨时，将白平衡设置成白色荧光灯模式，得到天空与雪地都呈现出淡淡蓝色调的画面效果（焦距：18mm 光圈：F8 快门速度：1/5s 感光度：ISO400）

实拍应用：选择阴影白平衡获得强烈的暖色调效果

夕阳时分的色温较低，光线呈现明显的暖色调效果，此时如果使用色温较高的阴天白平衡（色温值为6000K），可强化这种暖色调效果，让画面变得更暖。例如，常见的金色夕阳效果，通常就是使用这种白平衡模式拍摄得到的。

如果还想得到更暖的色调，则可以使用阴影白平衡（色温值为7000K），从而得到色彩更加浓烈的暖色调画面效果。

▲ 通过使用阴影白平衡，获得了强烈的暖色调画面效果（焦距：145mm 光圈：F9 快门速度：1/2500s 感光度：ISO200）

实拍应用：在傍晚利用钨丝灯白平衡拍出冷暖对比强烈的画面

在日落后的傍晚拍摄街景或有灯光照明的建筑时，由于色温较高，因此画面会呈现出强烈的冷色调效果，此时使用高色温值的阴天白平衡可以在不过分减弱画面冷色调的情况下，强化暖调灯光，从而形成鲜明的冷暖对比，既能够突出清冷的夜色，同时也能利用对比突出街道或城市的繁华。

▲ 右图为使用自动白平衡拍摄的效果，左图是使用钨丝灯白平衡拍摄的冷色调照片，强烈的冷暖对比使画面更有视觉冲击力（焦距：35mm 光圈：F13 快门速度：30s 感光度：ISO400）

实拍应用：利用低色温值表现蓝调夜景

要拍出蓝调夜空，应选择太阳刚刚落入地平线的时候拍摄，这时天空的色彩饱和度较高，光线能勾勒出建筑物的轮廓，比起深夜来，这段时间的天空具有更丰富的色彩。拍摄时需要把握时间，并提前做好拍摄准备。如果错过了最佳拍摄时间，可以利用手调色温的方式，通过将色温设置为一个较低数值，如2900K，从而人为地在画面中添加蓝色的影调，使画面成为纯粹的蓝调夜景。

◀ 通过一个较低的手选色温值可以使蓝调效果更加明显，高饱和度的蓝色夜空、水面为画面营造出了朦胧、宁静、幽深的意境（焦距：18mm 光圈：F22 快门速度：13s 感光度：ISO200）

自定义白平衡

自定义白平衡模式是各种白平衡模式中最精准的一种,是指在现场光照条件下拍摄白色的物体,并通过设置使相机以此白色物体来定义白色,从而使其他颜色都据此发生偏移,最终实现精准的色彩还原。

例如,在室内使用恒亮光源拍摄人像或静物时,由于光源本身都会带有一定的色温倾向,因此,为了保证拍出的照片能够准确地还原色彩,此时就可以通过自定义白平衡的方法进行拍摄。

在 Canon EOS 6D Mark Ⅱ 上自定义白平衡的操作步骤如下:

❶ 在镜头上将对焦模式切换至 MF(手动对焦)方式。

❷ 找到一个白色物体,然后半按快门对白色物体进行测光(此时无须顾虑是否对焦的问题),要保证白色物体充满整个取景器,然后按下快门拍摄一张照片。

❸ 在"拍摄菜单 2"中选择"自定义白平衡"选项。

❹ 此时将要求选择一幅图像作为自定义的依据,选择第❷步拍摄的照片并确定即可。

❺ 要使用自定义的白平衡,可以在"白平衡"菜单中选择"◢▲(用户自定义)"选项。

▲ 在室内拍摄人像时,可以利用自定义白平衡功能获得准确的色彩还原效果(焦距:45mm 光圈:F3.5 快门速度:1/160s 感光度:ISO200)

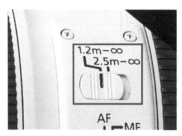

❶ 将镜头上的对焦模式切换为 MF 模式

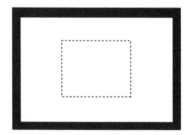

❷ 对白色物体进行测光并拍摄

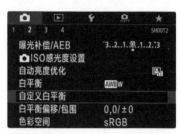

❸ 在**拍摄菜单** 2 中点击选择**自定义白平衡**选项

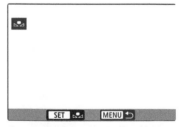

❹ 选择所拍摄的照片作为自定义的依据,然后点击屏幕上的 SET 图标确认

❺ 若要使用自定义的白平衡,在白平衡菜单中选择**用户自定义**选项即可

白平衡偏移/包围

利用"白平衡偏移/包围"菜单可以对所设置的白平衡进行微调校正。

设置白平衡偏移

通过设置白平衡偏移功能可以校正场景中固定的偏色，或某些镜头本身的偏色问题，甚至可以根据需要，故意将其设置为偏色，从而获得特殊的色彩效果。

在右侧第❷步的界面图中，B 代表蓝色、A 代表琥珀色、M 代表洋红色、G 代表绿色，每种色彩都有 1 ~ 9 级矫正。

设置白平衡包围

"白平衡包围"是一种类似于"自动包围曝光"的功能，通过设置相关参数，只需要按下一次快门即可拍摄 3 张不同色彩倾向的照片，从而实现多拍优选的目标。

设置白平衡包围后，在实际拍摄时，相机将按照标准、蓝色（B）、琥珀色（A）或标准、洋红（M）、绿色（G）的顺序拍摄出 3 张不同色彩倾向的照片。

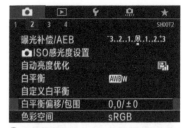

❶ 在**拍摄菜单 2** 中点击选择**白平衡偏移/包围**选项

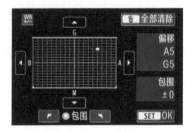

❷ 点击屏幕上的▲、▼、◄、►图标选择不同的白平衡偏移方向，即可使拍摄出来的照片向着小点所在区域定义的颜色偏移

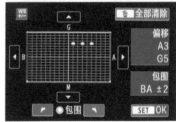

❸ 如果在此基础上进行白平衡包围设置，只需点击 ▨ 或 ▨ 图标，使屏幕上出现"▨▨▨"标记即可。在屏幕的右侧，"包围"表示包围曝光方向和校正量。点击屏幕上的 🗑 全部清除 将取消所有白平衡偏移/包围设置，点击 SET OK 图标将保存设置界面

正常

增加 5 格 B（蓝色）偏移

增加 5 格 A（红色）偏移

◄利用白平衡偏移功能拍摄的画面效果对比

为不同用途的照片选择色彩空间

在 数码相机中，色彩空间是指某种色彩模式所能表达的颜色数量的范围，即数码相机感光元件所能表现的颜色数量的集合，绝大多数相机都提供了 Adobe RGB 与 sRGB 两种色彩空间。

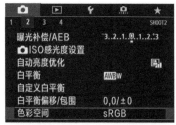

● 在**拍摄菜单 2** 中点击选择**色彩空间**选项

为用于纸媒介的照片选择色彩空间

如果照片用于书籍或杂志印刷，最好选择 Adobe RGB 色彩空间，因为它是 Adobe 专门为印刷开发的，因此允许的色彩范围更大，包含了很多在显示器上无法显示的颜色，如绿色区域中的一些颜色，这些颜色会使印刷品呈现更细腻的色彩过渡效果。

② 点击选择 sRGB 或 Adobe RGB 选项

为用于电子媒介的照片选择色彩空间

sRGB 是微软联合惠普、三菱、爱普生等厂商共同开发的通用色彩标准，因为 sRGB 拥有的色彩空间较小，因此在开发时就将其明确定位于网页浏览、计算机屏幕显示等用途。而 Adobe RGB 较 sRGB 有更宽广的色彩空间，包含 sRGB 所没有的 CMYK 色域。因此，如果希望在最终的摄影作品中精细调整色彩饱和度，应该选择 Adobe RGB 色彩空间；而如果照片用于数码彩扩、屏幕投影展示、计算机显示屏展示等，应选择 sRGB 色彩空间。

若将采用 Adobe RGB 色彩空间拍摄的照片更改为 sRGB 模式，照片的色彩就会有所损失；若将采用 sRGB 色彩空间拍摄的照片转换为 Adobe RGB 模式，由于 sRGB 本身色彩空间较小，因此照片的色彩实际上并没有什么变化。

➤ 因为这张图片要用于印刷，所以使用 Adobe RGB 色彩空间进行拍摄，画面色域宽广、细节丰富（焦距：35mm　光圈：F8　快门速度：1/125s　感光度：ISO100）

设置照片风格获得更佳画面色彩

使用预设照片风格

根据不同的拍摄题材，可以选择相应的照片风格，从而获得更佳的画面效果。Canon EOS 6D Mark Ⅱ 提供了自动、标准、人像、风光、精致细节、中性、可靠设置、单色等预设照片风格。

- 自动：使用此风格拍摄时，色调将自动调节为适合拍摄场景，尤其是拍摄蓝天、绿色植物，以及自然界的日出和日落场景时，色彩会显得更加生动。
- 标准：此风格是最常用的照片风格，使用该风格拍摄的照片画面清晰，色彩鲜艳、明快。
- 人像：使用此风格拍摄人像时，人的皮肤会显得更加柔和、细腻。
- 风光：此风格适合拍摄风光，对画面中的蓝色和绿色有非常好的展现。
- 精致细节：此风格会将被摄体的详细轮廓和细腻纹理表现出来，颜色会略微鲜明。
- 中性：此风格适合偏爱计算机图像处理的用户，使用该风格拍摄的照片色彩较为柔和、自然。
- 可靠设置：此风格也适合偏爱计算机图像处理的用户，当在5200K色温下拍摄时，相机会根据主体的颜色调节色彩饱和度。
- 单色：使用此风格可拍摄黑白或单色的照片。

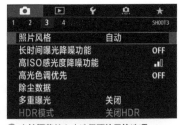

❶ 在**拍摄菜单**3中选择**照片风格**选项

❷ 点击选择需要的选项，然后点击 **SET OK** 图标确认即可

高手点拨

使用Canon EOS 6D Mark Ⅱ相机拍摄时，设置的照片风格不同，所拍出照片的对比度、饱和度及明度都会发生较大的变化。特别是在"人像"模式下，黄色调被急剧减弱，同时明度会有所提高。因此，不管是晴天还是阴天，使用"人像"模式都可以得到非常明亮、白皙的肌肤效果。但是要注意的是，在夕阳时分拍摄时，如果使用"人像"模式，则可能使人物的面部出现不和谐的粉色。在拍摄环境人像或风光时，如果背景中存在黄色景物，使用"人像"模式也能对黄色景物的表现造成不利影响，此时最好使用"标准"或"风光"模式。

此外，如果在拍摄时，题材常有大的变化，建议使用"标准"风格，比如在拍摄人像题材后再拍摄风光题材时，这样就不会造成风光照片不够锐利的问题，属于比较中庸和保险的选择。

修改预设的照片风格参数

在前面讲解的预设照片风格中，用户可以根据需要修改其中的参数，以满足个性化的需求。在选择某一种照片风格后，按下机身上的INFO.按钮即可进入其详细设置界面。

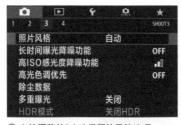

① 在**拍摄菜单3**中选择**照片风格**选项

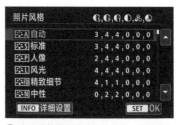

② 点击选择要修改的照片风格，然后点击 INFO 详细设置图标

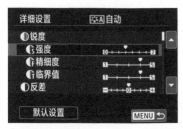

③ 点击选择要编辑的参数选项，此处以选择**强度**选项为例

④ 进入参数的编辑状态，点击◀或▶图标可调整强度的数值，然后点击 SET OK 图标确认

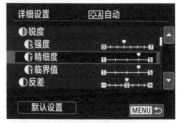

⑤ 可依次修改其他选项，设置完成后点击 MENU 图标保存已修改的参数即可

按照类似的方法，还可以对锐度、反差、饱和度等参数进行调整。调整完毕后，按下MENU按钮，将保存已调整的参数并返回上一级菜单。

■ 锐度：控制图像的锐度。在"强度"选项中，向0端靠近则降低锐化的强度，图像变得越来越模糊；向7端靠近则提高锐度，图像变得越来越清晰。在"精细度"选项中，可以设定强调轮廓的精细度，数值越小，要强调的轮廓越精细。在"临界值"选项中，根据被摄体和周围区域之间反差的差异设定强调轮廓的程度，数值越小，当反差较低时越强调轮廓，但是当数值较小时，使用高ISO感光度拍摄的画面噪点会比较明显。

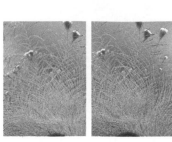

▲ 设置锐化前（+0）后（+4）的效果对比

■ **反差**：控制图像的反差及色彩的鲜艳程度。向━端靠近则降低反差，图像变得越来越柔和；向➕端靠近则提高反差，图像变得越来越明快。

▲ 设置反差前（+0）后（+3）的效果对比

■ **饱和度**：控制色彩的鲜艳程度。向━端靠近则降低饱和度，色彩变得越来越淡；向➕端靠近则提高饱和度，色彩变得越来越艳。

▲ 设置饱和度前（+0）后（+3）的效果对比

■ **色调**：控制画面色调的偏向。向━端靠近则越偏向于红色调；向➕端靠近则越偏向于黄色调。

▲ 向左增加红色调与向右增加黄色调的效果对比

巧用照片风格选项直接拍出单色照片

值得一提的是，在"单色"风格下，还可以选择不同的滤镜效果及色调效果，从而拍出更有特色的黑白或单色照片效果。在"滤镜效果"选项中，可选择无、黄、橙、红、绿等色彩，从而在拍摄过程中，针对这些色彩进行过滤，得到更亮的灰色甚至白色。

■无：没有滤镜效果的原始黑白画面。

■黄：可使蓝天更自然、白云更清晰。

■橙：压暗蓝天，使夕阳的效果更强烈。

■红：使蓝天更暗、落叶的颜色更鲜亮。

■绿：可将肤色和嘴唇的颜色表现得很好，使树叶的颜色更加鲜亮。

在"色调效果"选项中可以选择无、褐、蓝、紫、绿5种单色调效果。

■无：没有偏色效果的原始黑白画面。

■褐：画面呈现褐色，有种怀旧的感觉。

■蓝：画面呈现偏冷的蓝色。

■紫：画面呈现淡淡的紫色。

■绿：画面呈现偏绿色。

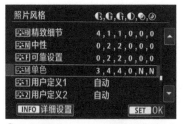

❶ 在**拍摄菜单**3中选择**照片风格**选项，然后点击选择**单色**选项

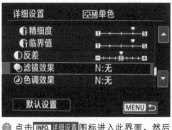

❷ 点击 **INFO.详细设置**图标进入此界面，然后点击选择**滤镜效果**选项

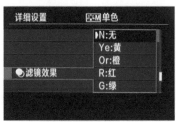

❸ 点击选择需要过滤的色彩

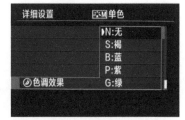

❹ 若在步骤❷中选择了**色调效果**选项，点击选择需要增加的色调效果

▲ 选择"单色"照片风格时拍摄的效果

▲ 设置"滤镜效果"为"红"时拍摄的效果

▲ 选择褐色及蓝色时得到的单色照片效果

焦距：85mm　光圈：F4　快门速度：1/125s　感光度：ISO100

Chapter 05

掌握测光与曝光模式设定

正确选择测光模式准确测光

要想准确曝光，前提是必须做到准确测光，根据数码单反相机内置测光表提供的曝光数值拍摄，一般都可以获得准确的曝光。

但有时也不尽然，例如，在环境光线较为复杂的情况下，数码相机的测光系统不一定能够准确识别，此时仍采用数码相机提供的曝光组合拍摄的话，就会出现曝光失误。在这种情况下，应该根据要表达的主题、渲染的气氛进行适当的调整，即按照"拍摄→检查→设置→重新拍摄"的流程不断地进行尝试，直至拍摄出满意的照片为止。

由于不同拍摄环境下的光照条件不同，不同拍摄对象要求准确曝光的位置也不同，因此 Canon EOS 6D Mark II 提供了 4 种测光模式，分别适用于不同的拍摄环境。

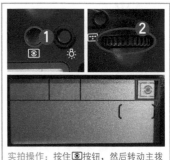

实拍操作：按住◉按钮，然后转动主拨盘➰或速控转盘即可在 4 种测光方式之间进行切换。

18%测光原理

要正确选择测光模式，必须先了解数码相机测光的原理——18% 中性灰测光原理。

数码单反相机的测光数值是由场景中物体的平均反光率确定的，除了反光率比较高的场景（如雪景、云景）及反光率比较低的场景（如煤矿、夜景）外，其他大部分场景的平均反光率为 18% 左右，而这一数值正是中性灰色的反光率。

因此，当拍摄场景的反光率平均值恰好是 18% 时，可以得到光影丰富、明暗正确的照片；反之，则需要人为地调整曝光补偿来补偿相机的测光失误。通常在拍摄较暗的场景（如日落）及较亮的场景（如雪景）时会出现这种情况。如果要验证这一点，可以采取下面所讲述的方法。

对着一张白纸测光，然后按相机自动测光所给出的光圈与快门速度组合直接拍摄，会发现得到的照片中白纸看上去更像是灰纸，这是由于照片欠曝造成的。因此，拍摄反光率大于 18% 的场景，如雪景、雾景、云景或有较大面积白色物体的场景时，则需要增加曝光量，即做正向曝光补偿。

而对着一张黑纸测光，然后按相机自动测光所给出的光圈与快门速度组合直接拍摄，会发现得到的照片中黑纸好像是一张灰纸，这是由于照片过曝造成的。因此，如果拍摄场景的反光率低于 18%，则需要减少曝光量，即做负向曝光补偿。

了解 18% 中性灰测光原理有助于摄影师在拍摄时更灵活地测光，通常水泥墙壁、灰色的水泥地面、人的手背等物体的反光率都接近 18%，因此在拍摄光线复杂的场景时，可以在环境中寻找反光率在 18% 左右的物体进行测光，这样可以保证所拍出的照片的曝光基本上是正确的。

评价测光模式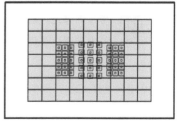

评价测光是最常用的测光模式，在采用场景智能自动模式拍摄时，相机会默认采用评价测光模式。在该模式下，相机会将画面分为 63 个区进行平均测光，此模式最适合拍摄日常及风光题材的照片。

▲ 评价测光模式示意图

实拍应用：使用评价测光拍摄大场面的风景

从拍摄题材来看，如果拍摄的是大场景风光照片，应该首选评价测光模式，因为大场景风光照片通常需要考虑整体的光照，这恰好是评价测光的特色。

当然，对于雪、雾、云等反光率较高的场景，还需要配合使用曝光补偿技巧。

▼ 在光比不大且光照均匀的环境中，使用评价测光模式拍摄风光照片，可获得层次丰富的画面效果（焦距：22mm　光圈：F10　快门速度：1/500s　感光度：ISO160）

中央重点平均测光模式 []

在中央重点平均测光模式下，测光会偏向取景器的中央部位，但也会同时兼顾其他部分的亮度。根据佳能公司提供的测光模式示意图，越靠近取景器中心位置，灰色越深，表示这样的区域在测光时所占的权重就越大；而越靠边缘的图像，灰色越浅，表示在测光时所占的权重就越小。

例如，当 Canon EOS 6D Mark Ⅱ 在测光后认为，画面中央位置的对象，正确的曝光组合是 F8、1/320s，而其他区域正确的曝光组合是 F4、1/200s 时，由于中央位置对象的测光权重较大，相机最终确定的曝光组合可能会是 F5.6、1/320s，以优先照顾中央位置对象的曝光。

由于测光时能够兼顾其他区域的亮度，因此该模式既能实现画面中央区域的精准曝光，又能保留部分背景的细节。这种测光模式适合拍摄主体位于画面中央位置的题材，如人像、建筑物及其他位于画面中央的对象。

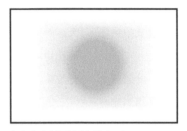

▲ 中央重点平均测光模式示意图

实拍应用：使用中央重点平均测光模式拍摄人像

由于拍摄人像时通常将人物的面部或上身安排在画面的中间位置，因此人像摄影可以优先考虑使用中央重点平均测光模式。如果人物的面部或上身不在画面的中间位置，可以考虑采用后面讲解的点测光模式。

▲ 在构图时将模特置于画面中心，采用中央重点平均测光模式针对人物面部进行测光，可以使模特的曝光更准确（焦距：85mm　光圈：F2.5　快门速度：1/800s　感光度：ISO100）

局部测光模式 ⊡

局部测光模式是佳能相机独有的测光模式，在该测光模式下，相机将只测量取景器中央大约6.5%的范围。在逆光或局部光照下，如果画面背景与主体明暗反差较大（光比较大），使用这一测光模式拍摄能够获得很好的曝光效果。

从测光数据来看，局部测光可以认为是中央重点平均测光与点测光之间的一种测光形式，测光面积也在两者之间。

以逆光拍摄人像为例，如果使用点测光对准人物面部的明亮处测光，则拍摄出来的照片中人物面部的较暗处就会明显欠曝；反之，使用点测光对准人物面部的暗处测光，则拍摄出来的照片中人物面部的较亮处就会明显过曝。

如果使用中央重点平均测光模式进行测光，由于其测光的面积较大，而背景又比较亮，所以拍摄出来的照片中人物的面部就会欠曝。而使用局部测光对准人像面部的任意一处测光，则能够获得很好的曝光效果。

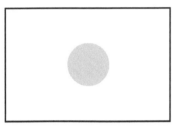

▲ 局部测光模式示意图

▶ 由于模特身着粉衣，而背景是较暗淡的建筑，整个拍摄环境的明暗反差较大，因此使用局部测光模式可以使人物获得准确的曝光（焦距：85mm　光圈：F1.2　快门速度：1/1000s　感光度：ISO160）

点测光模式 [•]

点测光是一种高级测光模式，相机只对画面中央区域的很小部分（也就是光学取景器中央对焦点周围约3.2%的小区域）进行测光，具有相当高的准确性。

由于点测光是依据很小的测光点来计算曝光量的，因此测光点位置的选择将会在很大程度上影响画面的曝光效果，尤其是逆光拍摄或画面的明暗反差较大时。

如果对准亮部测光，则可得到亮部曝光合适、暗部细节有所损失的画面；如果对准暗部测光，则可得到暗部曝光合适、亮部细节有所损失的画面。所以，拍摄时可根据自己的拍摄意图来选择不同的测光点，以得到曝光合适的画面。

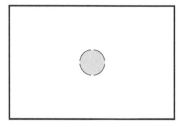

▲ 点测光模式示意图

实拍应用：用点测光逆光拍摄剪影效果

拍摄日出日落时，如果在画面中包含地面景物，则会由于天空与地面的明暗反差较大，使曝光有一定的难度，此时通常采取保留天空的云彩层次，而将地面景物拍摄成为剪影的拍摄手法。

拍摄时首先要将测光模式设置为点测光模式，而测光时要将测光点对准天空中相对较亮且层次较丰富的区域，以保证此区域的亮度与层次得到正确展现。

▼ 使用点测光对天空的中灰部进行测光，锁定曝光后重新构图，得到剪影效果的画面（焦距：125mm 光圈：F10 快门速度：1/800s 感光度：ISO400）

实拍应用：拍摄曝光正常的半剪影效果

在拍摄落日景色时，如果太阳还未靠近地平线，则可以考虑将地面景物拍摄成为半剪影效果，即有一定细节的剪影效果。这是由于拍摄时整个场景的光照效果往往仍然比较好，因此用点测光对天空中云彩的中灰部测光，就可以兼顾天空与地面景物的亮度。另外，如果天空中的薄云遮盖住了太阳，人直视太阳不感觉刺目时，可以对太阳直接测光、拍摄，以突出表现太阳，因此拍摄时应灵活选择测光位置。

▶ 使用点测光对天空的中灰部进行测光，并稍微增加了曝光补偿，使水面上波纹的效果更加明显，同时也丰富了画面的层次，而画面中的礁石则呈现为半剪影效果（焦距：24mm 光圈：F16 快门速度：1/25s 感光度：ISO100）

实拍应用：利用点测光拍摄皮肤曝光正确的人像

在拍摄人像时，除了经常使用前面讲过的中央重点平均测光模式外，还可以使用点测光模式。尤其是当所拍摄的人像与背景明暗反差较大时，更应缩小测光范围，利用准确度较高的点测光模式，对准模特的面部进行测光。这样就可以使模特获得准确曝光，将模特与其周围的环境分离开，从而在画面中显得更加突出。

拍摄时可以先用镜头的长焦端将模特的面部拉近，半按快门进行测光后，按下※按钮锁定曝光参数，然后再进行重新构图、拍摄。

▶ 当模特与背景的明暗反差较大时，使用点测光模式可使人物在画面中显得很突出（焦距：35mm 光圈：F2.8 快门速度：1/180s 感光度：ISO160）

全自动曝光模式

C anon EOS 6D Mark II 提供了 2 种全自动曝光模式，即场景智能自动模式和创意自动模式。使用全自动曝光模式拍摄时，大部分甚至全部参数均由相机自动设定，以简化拍摄过程，降低拍摄的难度，提高拍摄的成功率，但也正因为如此，摄影师无法得到个性化的拍摄结果。

场景智能自动模式 Ⓐ⁺

场景智能自动模式在 Canon EOS 6D Mark II 的模式转盘上显示为 Ⓐ⁺。这是一种最初级的拍摄模式，只要一开机就可以按动快门进行拍摄。

实拍操作：按住模式转盘解锁按钮不放，然后转动模式转盘，使 Ⓐ⁺ 图标对齐右侧的白色标志线即可。

适合拍摄：所有拍摄场景。

优　　点：在光线充足的情况下，由相机自动分析场景并设定最佳拍摄参数，也可以拍摄出效果不错的照片。此模式在半按快门按钮对静止主体进行对焦时可以锁定焦点，重新构图后再进行拍摄；即使拍摄的是移动的主体，相机也会自动连续对主体对焦。

特别注意：在此拍摄模式下，拍摄者不能根据自己的拍摄要求设置相机的参数，快门速度、光圈等参数全部由相机自动设定，即拍摄者无法主动控制成像效果，对提高摄影水平帮助不大。

▲ 使用场景智能模式拍摄，用户不用设置参数，只要确认构图合适，按下快门按钮拍摄即可（焦距：24mm　光圈：F8　快门速度：1/500s　感光度：ISO160）

创意自动模式 CA

创意自动模式是佳能独有的拍摄模式，在 Canon EOS 6D Mark Ⅱ 的模式转盘上显示为 CA。在该模式下，相机默认的设置和场景智能自动模式相同，但用户可以根据拍摄题材和意图调节照片的景深、自动对焦点选择、驱动模式、氛围效果等，因而要比场景智能自动模式高级一些。

> 适合拍摄：所有拍摄场景。
>
> 优　点：创意自动模式具有一定的手动选择功能，可以对照片的亮度、景深、色调（照片风格）等进行调节；也可以选择单拍、连拍或自拍驱动模式；还可以对画质和文件格式进行设置，与高级拍摄模式相比，这些设置要简单、易用一些，所以非常适合摄影初学者使用。
>
> 特别注意：应注意反复进行调试，以获得满意的效果。

如前所述，在创意自动模式下，可以根据摄影师的需求调整照片的背景虚化效果、氛围效果等，具体操作步骤如下：

❶ 按住模式转盘解锁按钮并同时将模式转盘转至 CA。

❷ 按下相机背面的 Q 按钮，在液晶监视器上出现速控屏幕。

❸ 按下 ◄、►、▲、▼ 方向键或点击选择不同的选项，在屏幕的底部会显示所选功能的简要介绍。

❹ 设置参数后，完全按下快门按钮即可拍摄照片。

■ 按选择的氛围效果拍摄：在此可转动主拨盘 🔄 或速控转盘 🔘 设定想要在图像中表现的气氛，还可以通过点击从列表中选择如鲜明、清冷、醇厚、柔和、温馨等氛围效果。

■ 背景模糊：在此可以转动主拨盘 🔄 或速控转盘 🔘，或点击控制背景的清晰、模糊效果。如果向左移动指示标记，背景将更模糊；如果向右移动指示标记，背景将更清晰。

■ 驱动模式：可以通过转动主拨盘 🔄 设定需要的驱动模式，还可以通过点击从列表中进行选择。

■ 自动对焦点选择：在此可转动主拨盘 🔄 或速控转盘 🔘 选择所需的自动对焦区域选择模式，还可以通过点击从列表中进行选择。

❶ 背景模糊

❷ 驱动模式

❸ 自动对焦点选择

❹ 按选择的氛围效果拍摄

场景模式

场景模式主要是针对一些常见拍摄题材而设定的，因此在拍摄时，会针对该题材进行一定的优化，使拍摄结果更适合该题材的表现。如利用风景模式拍摄风光照片时，色彩会较为艳丽，且画面的锐度较高。

Canon EOS 6D Mark II 提供了一些常用的场景模式，包括人像模式🏃、运动模式🏃、微距模式🌷、夜景人像模式📷、合影模式👥、儿童模式🏃、烛光模式🕯、食物模式🍴、手持夜景模式📷、风光模式🏔、摇摄模式📷、HDR 逆光控制模式📷12 种场景模式。在使用这些场景模式拍摄时，仍然可以设置驱动模式、氛围效果等选项。

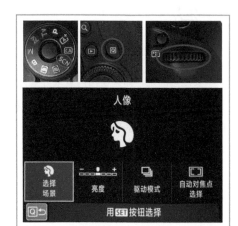

实拍操作：按住模式转盘解锁按钮并同时将模式转盘转至 SCN 位置，然后按下🔍按钮，使用多功能控制钮选择拍摄模式图标，然后转动主拨盘🎛或速控转盘◯在速控屏幕中选择相应的场景模式。📷

人像模式 🏃

使用此模式拍摄时，将在当前最大光圈的基础上进行一定的收缩，以保证获得较高的成像质量，并使人物的脸部更加柔美，背景呈漂亮的虚化效果。在光线较弱的情况下，相机会自动开启闪光灯进行补光。按住快门不放即可进行连拍，以保证在拍摄运动中的人像时，也能够成功地记录运动的瞬间。在开启闪光灯的情况下，将无法进行连拍。

> 适合拍摄：人像及希望虚化背景的对象。
>
> 优　　点：能拍摄出层次丰富、肤色柔滑的人像照片，而且能够尽量虚化背景，以便突出主体。
>
> 特别注意：当拍摄风景中的人物时，色彩可能较柔和。

风光模式 🏔

使用风光模式时，可以在白天拍摄出色彩艳丽的风景照片，为了保证获得足够大的景深，在拍摄时相机会自动缩小光圈。在此模式下，闪光灯将被强制关闭，如果是在较暗的环境中拍摄风景，可以选择夜景模式。

> 适合拍摄：风景、建筑等。
>
> 优　　点：色彩鲜明、锐度较高。
>
> 特别注意：即使在光线不足的情况下，闪光灯也一直保持关闭状态。

微距模式 🌷

微距模式适合搭配微距镜头拍摄花卉、静物、昆虫等微小物体。在该模式下，将自动使用微距摄影中较为常用的F8光圈，并在检测到环境光线不足时，自动打开闪光灯。

要注意的是，如果使用内置或外置闪光灯搭配微距镜头进行拍摄，可能会由于镜头前的遮挡，导致部分画面无法被照亮，因此需要使用专用的环形或双头闪光灯。

适合拍摄：微小主体，如花卉、昆虫等。

优　　点：方便进行微距摄影，色彩和锐度较高。

特别注意：如果安装的是非微距镜头，那么无论如何也不可能拍出细致入微的效果。

运动模式 🎿

使用此模式拍摄时，相机将使用高速快门以确保拍摄的动态对象能够清晰成像，该模式特别适合凝固运动对象的瞬间动作。为了保证精准对焦，相机会默认采用区域自动对焦框对焦运动的主体。

适合拍摄：运动对象。

优　　点：方便进行运动摄影，凝固瞬间动作。

特别注意：当光线不足时会自动提高感光度数值，画面可能会出现明显的噪点；如果要使用慢速快门，则应该使用其他模式进行拍摄。

儿童模式 🏃

可以将儿童模式理解为人像模式的特别版，即根据儿童在着装色彩上较为鲜艳的特点进行色彩校正，并保留皮肤的自然色彩。

在此模式下，将使用区域自动对焦模式追踪被摄体。将中央自动对焦点对准被摄体，然后半按快门按钮即开始自动对焦，并且默认设定为高速连拍模式，半按快门即可连续拍摄，以抓拍被摄体变化的面部表情和动作。

适合拍摄：儿童或色彩较鲜艳的对象。

优　　点：即使在下雪天等不太利于表现色彩的环境中，使用儿童照模式也能拍到不错的色彩。

特别注意：在拍摄低色调的照片时，色彩可能会显得过于浓重。

食物模式 🍴

食

物模式适合拍摄逼真的食物照片。为了追求高画质，推荐使用三脚架以避免画面模糊。

拍摄时可以在速控屏幕中改变"色调"设置，如果要增强食物的偏红色调，可以向"温馨"端设定，如果想减弱食物的偏红色调，可以向"清冷"端设定。

适合拍摄：食物或色彩较鲜艳的对象。

优　　点：可以改变照片色调，使画面色彩向暖色调或冷色调偏移。

特别注意：由于色彩很鲜艳，因此不适合拍摄人像。

烛光模式 📷

烛光模式适合在烛光下拍摄，并保留烛光的暖色调，若要增强烛光的偏红色调，可将"色调"向"暖色调"设定。如果觉得画面太红，可将色调向"冷色调"设定。在此模式下，内置闪光灯无法使用，从而更好地表现现场气氛，拍摄时推荐使用三脚架，以避免由于光线不足而导致画面模糊。

适合拍摄：烛光中的人物。

优　　点：可以展现烛光照射下画面的温暖氛围。

特别注意：由于光线较暗，注意防止相机抖动，以免画面模糊。

夜景人像模式 📷★

虽然名为夜景人像模式，但实际上，只要是在光线比较暗的情况下拍摄人像，都可以使用此模式。

选择此模式后，相机会自动打开内置闪光灯，以保证人物获得充分的曝光，同时，该模式还兼顾了人物以外的环境，即开启慢速闪光同步功能，在闪光灯照亮人物的同时，慢速快门使画面的背景也能获得足够的曝光。

适合拍摄：夜间人像、室内现场光人像等。

优　　点：保持画面的背景也能获得足够的曝光。

特别注意：依据环境光线的不同，快门速度可能会很低，因此建议使用三脚架保持相机的稳定。

手持夜景模式 📷

使用手持夜景模式以手持相机的形式拍摄夜景时，相机会自动选择不容易受相机抖动影响的快门速度，连续拍摄 4 张图像，并在相机内部合成为一张照片，在图像被合成时，相机会对图像的错位和拍摄时的抖动进行补偿，最终得到低噪点、高画质的夜景照片。如果在拍摄夜景时没有携带三脚架，可以考虑使用此模式。

适合拍摄：需要表现丰富细节的风景、建筑等。

优　　点：相机会自动选择不容易受相机抖动影响的快门速度，最终得到低噪点、高画质的夜景照片。

特别注意：尽管此模式所使用的技术比较成熟，但拍摄时摄影师也应该牢固、稳定地握持相机，如果因为相机抖动等原因导致4张照片中的任何一张出现大幅度错位，最终的照片可能无法正确对齐。需要特别注意的是，如果使用此模式拍摄夜景中的模特，必须要告知模特一直在原地保持同一个姿势，直至4张照片全部拍摄结束后才可以改变动作或离开，否则会在画面中出现虚影。

HDR逆光控制模式 📷

采用逆光拍摄时，由于光线直射镜头，因此场景明亮的地方极为明亮，而背光的部分则极为阴暗，在拍摄这样的场景时，通常将暗调的景物拍摄成为剪影，但这实际上是无奈之举，因为数码相机感光元件的宽容度有限，不可能同时表现极亮与极暗区域的细节。

使用 Canon EOS 6D Mark Ⅱ 相机的 HDR 逆光控制模式拍摄时，相机将分别拍摄曝光不足、标准曝光、曝光过度效果的 3 张照片，并自动将这 3 张照片合并成为一张具有丰富细节的照片，以同时在画面中表现较亮区域与较暗区域的细节。

适合拍摄：需要表现丰富细节的风景、建筑等。

优　　点：可以较好地表现较亮与较暗区域的细节，从而使画面的信息量更大、细节更丰富。

特别注意：在拍摄期间，应牢固、稳定地握持相机。如果因相机抖动等导致连拍错位，则在最终的图像中可能无法正确对齐。

遥摄模式

在拍摄运动类题材时，如果想拍摄主体清晰而背景呈现动感虚化效果的画面时，就可以使用遥摄模式。

在使用遥摄模式拍摄前，摄影师可以转动主转盘来设置背景虚化效果的强弱。摄影师在使用此模式时，可以先试拍几张，等掌握好遥摄技巧后再正式拍摄。

适合拍摄：运动中的对象。

优　　点：可以获得具有动感背景效果的照片。

特别注意：在拍摄时，需要双手拿稳相机，肘部靠近
　　　　　身体，然后半按快门按钮并转动全身来移
　　　　　动相机，使其跟随被摄体，当移动被摄体
　　　　　位于显示的框中时，完全按下快门按钮，
　　　　　当完全按下快门按钮后还需继续移动相机
　　　　　跟随被摄体。

合影模式

在合影模式下，景深范围会比较大，因而能够使画面的多个人物都拍摄得清晰。为了获得更好的效果，推荐使用广角镜头以及连拍模式。

适合拍摄：家庭聚会、会议、旅行等场合的多人合影。

优　　点：可以使合影中的多个人物都清晰呈现。

特别注意：在拍摄时应多拍几张，减少个别人神态或
　　　　　动作不合适的情况。当在弱光场景下拍摄
　　　　　时，需要使用三脚架稳固相机。

高级曝光模式

有经验的摄影师一般都会使用高级曝光模式拍摄，以便根据拍摄题材和表现意图自定义大部分甚至全部拍摄参数，从而获得个性化的画面效果，下面分别讲解 Canon EOS 6D Mark II 各种高级曝光模式的功能及使用技巧。

程序自动模式 P

使用此曝光模式拍摄时，相机会基于一套算法自动确定光圈与快门速度组合。通常，相机会自动选择一种适合手持拍摄并且不受相机抖动影响的快门速度，同时还会调整光圈以得到合适的景深，从而确保所有景物都能清晰呈现。

如果使用的是 EF 镜头，相机会自动获知镜头的焦距和光圈范围，并据此信息确定最优曝光组合。使用程序自动模式拍摄时，摄影师仍然可以设置 ISO 感光度、白平衡、曝光补偿等参数。此模式的最大优点是操作简单、快捷，适合拍摄快照或那些不用十分注重曝光控制的场景，例如新闻、纪实摄影或进行抓拍、自拍等。

在实际拍摄时，相机自动选择的曝光参数未必是最佳组合。例如，摄影师可能认为按此快门速度手持拍摄不够稳定，或者希望用更大的光圈，此时可以利用程序偏移功能进行调整。

在 P 模式下，半按快门按钮，然后转动主拨盘可以显示不同的快门速度与光圈组合，虽然光圈与快门速度的数值发生了变化，但这些快门速度与光圈组合都可以得到同样的曝光量。

在操作时，如果向右旋转主拨盘可以获得模糊背景细节的大光圈（低 F 值）或"锁定"动作的高速快门曝光组合；如果向左旋转主拨盘可获得增加景深的小光圈（高 F 值）或模糊动作的低速快门曝光组合。

使用程序自动模式抓拍非常方便（焦距：35mm 光圈：F5.6 快门速度：1/500s 感光度：ISO500）

实拍操作：在程序自动模式下，可以通过转动主拨盘 来选择快门速度与光圈的不同组合。

高手点拨

如果快门速度"30""和最大光圈值闪烁，表示曝光不足，此时可以提高ISO感光度或使用闪光灯补光，以增加镜头的进光量。

高手点拨

如果快门速度"4000"和最小光圈值闪烁，表示曝光过度，此时可以降低ISO感光度或使用中灰滤镜，以减少镜头的进光量。

快门优先模式Tv

在 快门优先模式下，可以转动主拨盘在 1/4000~30s 范围内选择所需快门速度，然后相机会自动计算光圈的大小，以获得正确的曝光组合。

实拍操作：按下模式转盘解锁按钮不放，然后转动模式转盘使 Tv 图标对齐白色标志。在快门优先曝光模式下，用户可以转动主拨盘调整快门速度数值。

高手点拨

较高的快门速度可以凝固运动主体的动作或精彩瞬间；较慢的快门速度可以形成模糊效果，从而产生动感。

▲ 用快门优先曝光模式抓拍到群鹿奔跑的精彩瞬间（焦距：600mm 光圈：F6.3 快门速度：1/1000s 感光度：ISO500）

高手点拨

如果镜头最大光圈值闪烁，表示曝光不足。此时，需要转动主拨盘设置较低的快门速度，直到光圈值停止闪烁，也可以通过设置较高的ISO感光度数值来解决。

▼ 使用快门优先模式并设置较低的快门速度，将溪流拍成如丝般柔顺的效果（焦距：24mm 光圈：F14 快门速度：2.5s 感光度：ISO100）

高手点拨

如果镜头最小光圈值闪烁，表示曝光过度。此时，需要转动主拨盘设置较高的快门速度，直到光圈值停止闪烁，也可以通过设置较低的ISO感光度数值来解决。

光圈优先模式Av

在光圈优先模式下，相机会根据当前设置的光圈大小自动计算出合适的快门速度。

使用光圈优先模式可以控制画面的景深，在同样的拍摄距离下，光圈越大，景深越小，即画面中的前景、背景的虚化效果就越好；反之，光圈越小，则景深越大，即画面中的前景、背景的清晰度就越高。

▲ 使用小光圈拍摄的自然风光，画面有足够大的景深，层次很丰富（焦距：17mm　光圈：F14　快门速度：3.2s　感光度：ISO100）

实拍操作：按下模式转盘解锁按钮不放，然后转动模式转盘使 Av 图标对齐白色标志。在光圈优先曝光模式下，可以转动主拨盘调节光圈数值。

高手点拨

当光圈过大而导致快门速度超出了相机的极限时，如果仍然希望保持该光圈，可以尝试降低 ISO 感光度的数值，或使用中灰滤镜降低光线的进入量，从而保证曝光准确。

▶ 采用光圈优先模式并配合大光圈的运用，可以得到非常漂亮的背景虚化效果，使人物更突出（焦距：50mm　光圈：F2.8　快门速度：1/500s　感光度：ISO200）

全手动模式 M

在 全手动模式下，所有拍摄参数都由摄影师手动进行设置，使用此模式拍摄有以下优点：

首先，使用 M 挡全手动模式拍摄时，当摄影师设置好恰当的光圈、快门速度数值后，即使移动镜头进行重新构图，光圈与快门速度数值也不会发生变化。

其次，使用其他曝光模式拍摄时，往往需要根据场景的亮度，在测光后进行曝光补偿操作；而在 M 挡全手动模式下，由于光圈与快门速度值都是由摄影师手动设定的，因此设定的同时就可以将曝光补偿考虑在内，从而省略了曝光补偿的设置过程。

因此，在全手动模式下，摄影师可以按自己的想法让影像曝光不足，以使照片显得较暗，给人忧伤的感觉；或者让影像稍微过曝，从而拍摄出明快的高调照片。

另外，当在摄影棚拍摄并使用了频闪灯或外置非专用闪光灯时，由于无法使用相机的测光系统，而需要使用测光表或通过手动计算来确定正确的曝光值，此时就需要手动设置光圈和快门速度，从而实现正确的曝光。

在此模式下，使用 Canon EOS 6D Mark Ⅱ 相机时，可以转动速控转盘◎来调整光圈值，转动主拨盘来调整快门速度值。

▲ 在影棚内拍摄人像，虽然拍摄场景与模特的姿势不同，但由于光线是恒定的，所拍出的画面也没有太大的明暗变化，因此使用 M 挡全手动模式可以更方便、快捷地进行拍摄

高手点拨

在改变光圈或快门速度时，曝光量标志会左右移动，当曝光量标志位于标准曝光量标志的位置时，能获得相对准确的曝光。

如果当前曝光量标志靠近标有"–"号的左侧时，表明如果使用当前曝光组合拍摄，照片会偏暗（曝光不足）；反之，如果当前曝光量标志靠近标有"+"号的右侧时，表明如果使用当前曝光组合拍摄，照片会偏亮（曝光过度）。

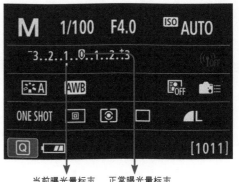

当前曝光量标志　　正常曝光量标志

B门模式

使用B门模式拍摄时，持续地完全按下快门按钮时快门将保持打开，直到松开快门按钮时快门被关闭，即完成整个曝光过程，因此曝光时间取决于快门按钮被按下与被释放的过程。B门模式特别适合拍摄光绘、天体、焰火等需要长时间曝光并手动控制曝光时间的题材。为了避免画面模糊，使用B门模式拍摄时，应该使用三脚架及遥控快门线。

包括Canon EOS 6D Mark Ⅱ在内的所有数码单反相机，都只支持最低30s的快门速度，也就是说，如果曝光时间比30s更长，只能利用B门模式手工控制曝光时间。

在使用Canon EOS 6D Mark Ⅱ相机的B门模式拍摄时，可以在"B门定时器"菜单中，预设B门曝光的曝光时间。预设好拍摄所需要的曝光时间后，按下快门按钮，将开始曝光，在曝光期间可以松开手而不需要按住快门，以减少操作相机时的抖动，当曝光达到所设定的时间后，则结束拍摄。

实拍操作：按下模式转盘解锁按钮不放，然后转动模式转盘使B图标对齐白色标志处。在B门模式下，可以转动主拨盘调整光圈值。

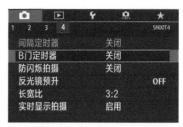

❶ 在**拍摄菜单4**中点击选择**B门定时器**选项

❷ 点击选择**启用**选项，然后点击 **INFO 详细设置**图标进入调节曝光时间界面

❸ 点击选择所需数字框，然后点击或图标选择数值，设定完成后点击选择**确定**选项

▲ 这幅拍摄了42分钟的照片，捕捉到了星星运动的轨迹，而如此长的曝光时间，也只有在B门模式下才可以完成（焦距：20mm 光圈：F4 快门速度：2513s 感光度：ISO200）

焦距：18mm 光圈：F22 快门速度：30s 感光度：ISO200

Chapter 06

掌握曝光参数设定
及曝光技法

设置光圈控制曝光与景深

光圈的结构

▲ 光圈部件

光圈是相机镜头内部的一个组件，它由许多片金属薄片组成，金属薄片可以活动，通过改变它的开启程度可以控制进入镜头光线的多少。光圈开启越大，通光量就越多；开启越小，通光量就越少。可以仔细对着镜头观察选择不同光圈时叶片大小的变化。

光圈值的表现形式

光圈值用字母 F 或 f 表示，如 F8、f/8。常见的光圈值有 F1.4、F2、F2.8、F4、F5.6、F8、F11、F16、F22、F32、F36 等，相邻两挡光圈间的通光量相差一倍，光圈值的变化是 1.4 倍，每递进一挡光圈，光圈口径就不断缩小，通光量也逐挡减半。例如，F2 光圈的进光量是 F2.8 的一倍，但在数值上，后者是前者的 1.4 倍，这也是各挡光圈值变化的规律。

高手点拨

虽然光圈数值是在相机上设置的，但实际上，其可调整的范围却是由镜头决定的，即镜头支持的最大及最小光圈，就是在相机上可以设置的上限和下限。

镜头支持的光圈越大，则在同一时间内就可以纳入更多的光线，从而允许我们在弱光环境下进行拍摄。当然，光圈越大的镜头，其价格越是不菲。另外，对大多数镜头来说，当将光圈缩小至F16以后，画质就会出现较明显的下降，因此在拍摄时应尽量少用。

拍摄单枝花卉时，可以使用大光圈将背景虚化以突出花朵（焦距：60mm 光圈：F3.2 快门速度：1/1000s 感光度：ISO200）

光圈对曝光的影响

在其他参数不变的情况下，光圈增大一挡，则曝光量提高一倍，例如光圈从 F4 增大至 F2.8，即可增加一倍的曝光量；反之，光圈减小一挡，则曝光量也随之减少一半。下面展示的是 3 张在相同焦距、快门速度、感光度下拍摄的照片。

通过上面的照片可以看出，在焦距、快门速度、感光度不变的情况下，随着拍摄时所使用的光圈不断缩小，曝光量也随之降低，因此画面越来越暗。

光圈对景深的影响

光圈是控制景深（背景虚化程度）的重要因素。即在其他因素不变的情况下，光圈越大，则景深越小，反之光圈越小则景深越大。在拍摄时想通过控制景深来使自己的作品更有艺术效果，就要合理使用大光圈和小光圈。

在所有微单数码相机中，都有一个光圈优先模式，配合上面的理论，通过调整光圈数值的大小，即可拍摄不同的对象或表现不同的主题。例如，大光圈主要用于人像摄影、微距摄影，通过模糊背景来有效地突出主体；小光圈主要用于风景摄影、建筑摄影、纪实摄影等，大景深让画面中的所有景物都能清晰再现。

▲ 焦距：100mm 光圈：F3.5 快门速度：1/40s 感光度：ISO800

▲ 焦距：100mm 光圈：F8 快门速度：1/8s 感光度：ISO800

▲ 焦距：100mm 光圈：F20 快门速度：8s 感光度：ISO800

对比这一组照片可以看出，在焦距、感光度不变的情况下，随着拍摄时使用的光圈不断缩小，快门速度也随之变慢，虽然画面整体曝光量不变，但画面中的背景却逐渐变得清晰起来。

设置快门速度控制曝光时间

简单来说，快门的作用就是控制曝光时间的长短。在按动快门按钮时，从快门前帘开始移动到后帘结束所用的时间就是快门速度，这段时间实际上也就是电子感光元件的曝光时间。所以快门速度决定曝光时间的长短，快门速度越快，则曝光时间越短，曝光量就越少；快门速度越慢，则曝光时间越长，曝光量就越多。

快门速度以秒为单位，入门级数码单反相机的快门速度通常在 1/4000~30s，作为入门级全画幅数码单反相机的 Canon EOS 6D Mark II 相机，其最高快门速度达到了 1/4000s，已经可以满足几乎所有拍摄题材和场景的需求。

常见的快门速度有 15s、8s、4s、2s、1s、1/2s、1/4s、1/8s、1/15s、1/30s、1/60s、1/125s、1/250s、1/500s、1/1000s、1/2000s、1/4000s、1/8000s 等。

画面变暗　　　　　　　　　　　　　　　　　　　　　　　　　　　　画面变亮

对比这一组照片可以看出，在焦距、光圈、感光度不变的情况下，当快门速度从 1/13s 降低至 1/4s 时，由于曝光时间越来越长，曝光越来越充分，画面也变得越来越亮。

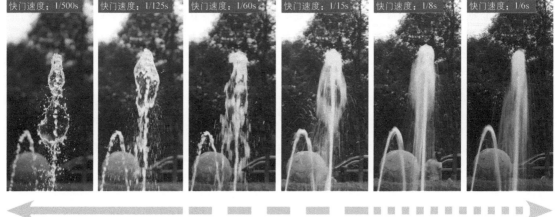

变清晰　　　　　　　　　　　　运动的主体　　　　　　　　　　　　变模糊

对比这一组照片可以看出，在焦距、感光度不变的情况下，当快门速度由 1/500s 降低至 1/6s 时，画面中的水花也由清晰定格变得越来越模糊。

设置感光度控制照片品质

数码相机的感光度概念是从传统胶片感光度引入的，它是用不同的感光度数值来表示感光元件对光线的感光敏锐程度，即在相同条件下，感光度越高，相机感光元件获得光线的数量也就越多。

但感光度越高，产生的噪点就越多，而低感光度画面则清晰、细腻，细节表现较好。

Canon EOS 6D Mark Ⅱ 作为全画幅相机，在感光度的控制方面非常优秀。其常用感光度范围为 ISO100~ISO40000，并可以向下扩展至 L（相当于 ISO50），向上扩展至 H2（相当于 ISO102400）。在光线充足的情况下，一般使用 ISO100 拍摄即可。

实拍操作：按下相机顶面的**ISO**按钮，然后转动主拨盘，即可调节 ISO 感光度的数值。

Canon EOS 6D Mark Ⅱ 实用感光度范围

对于 Canon EOS 6D Mark Ⅱ 来说，当使用 ISO1600 以下的感光度拍摄时，均能获得出色的画质；当使用 ISO1600~ISO3200 的感光度拍摄时，画面的画质比低感光度时有所降低，但是依旧可以用良好来形容；当感光度数值增至 ISO3200~ISO6400 时，虽然画面的细节还比较好，但已经有明显的噪点了，尤其在弱光环境下表现得更为明显；当感光度增至 ISO40000 时，画面中的噪点和色散已经变得很严重，因此，除非必要，一般不建议使用 ISO3200 以上的感光度数值。

▼ 在拍摄夜景时，使用低感光度才能得到比较高的画质，但同时快门速度会比较低，因此要特别注意使用三脚架保持相机的稳定（焦距：24mm　光圈：F8　快门速度：4s　感光度：ISO100）

感光度设置原则

由于感光度对画质影响很大，因此在设置感光度时要把握以下原则：既保证画面获得充足的曝光，又不至于影响画面质量。

不同光照下的ISO设置原则

■如果拍摄时光线充足，例如，在晴天或薄云的天气拍摄，应该将感光度设置为较低的数值，一般将感光度设置为ISO100~ISO200即可。

■如果是在阴天或雨天的室外拍摄，推荐使用ISO200~ISO400。

■如果是在傍晚或夜晚的灯光下拍摄，推荐使用ISO400~ISO800。

拍摄不同对象时的ISO设置原则

■在拍摄人像时，为了得到光滑、细腻的皮肤质感，推荐使用较低的感光度，如ISO100、ISO200。

■如果拍摄对象需要长时间曝光，如拍摄流水或者夜景，也应该使用ISO200、ISO400等相对较低的感光度。

■如果拍摄的是高速运动的主体，为了保证在安全快门内能够拍摄到清晰的图像，应该尝试将感光度设置为ISO400或ISO800，以获得更高的快门速度。

不同拍摄目的的ISO设置原则

■如果拍摄的目的仅是为了记录，则感光度的设置原则是先拍到、再拍好，即优先考虑使用高感光度，以避免由于感光度低而导致快门速度也较低，从而拍出模糊的照片。因为画质损失可通过后期处理来弥补，而画面模糊则意味着拍摄失败，是无法补救的。

■如果拍摄的照片用于商业目的，此时画质是第一位的，感光度的设置原则是先拍好再拍到，如果光线不足以支持拍摄时使用较低的感光度，宁可放弃拍摄。

由于拍摄的照片用于商业目的，因此要使用较低的ISO数值（焦距：70mm 光圈：F4 快门速度：1/500s 感光度：ISO100）

光线多变的情况下灵活使用自动感光度功能

Canon EOS 6D Mark Ⅱ 的自动感光度功能非常强大、好用，可以在 P、Tv、Av 及 M 挡下使用，尤其值得一提的是在 M 挡下，可以实现拍摄时同时锁定光圈与快门速度，而让相机根据光线情况自由选择 ISO 数值。

例如，在拍摄婚礼现场时，摄影师需要灵活移动才能捕捉到精彩的瞬间，因此很多时候无法使用三脚架。而现场的光线又忽明忽暗，此时，如果使用快门优先模式，则有可能会出现镜头最大光圈无法满足曝光要求的情况；而如果使用光圈优先模式，又有可能出现快门过慢而导致照片模糊的情况。因此，使用自动感光度功能并将快门速度设为安全快门速度，就能够从容进行拍摄。

当使用自动感光度功能时，可以在"自动范围"菜单中选择自动感光度范围，Canon EOS 6D Mark Ⅱ 支持在 ISO100~ISO25600 范围内设定最小感光度，在 ISO200~ISO40000 的范围内设定最大感光度。在低光照条件下，为了避免快门速度过慢，可以将最大 ISO 感光度设得高一些，如 ISO6400。

❶ 在**拍摄菜单 2** 中选择 ISO **感光度设置**选项

❷ 点击选择 ISO **感光度**选项

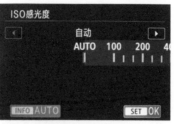

❸ 点击◀或▶图标选择 AUTO 选项，然后点击 SET OK 图标确定

❹ 将 ISO 感光度设置为自动后，点击选择**自动范围**选项

❺ 点击选择**最小**或**最大**选项，然后点击▲或▼图标选择 ISO 感光度的数值，选择完成后点击选择**确定**选项值

❻ 接下来点击选择**最低快门速度**选项

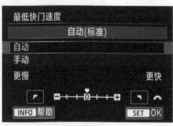

❼ 当选择了**自动**选项时，可以点击◥或◣图标选择自动最低快门速度的快与慢

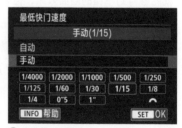

❽ 当选择了**手动**选项时，则可以点击选择一个快门速度值

同时，通过"最低快门速度"菜单，可以指定一个快门速度的最低数值，当快门速度低于此数值时，由相机自动提高感光度数值；反之，则使用"自动范围"中设置的最小感光度数值进行拍摄。

使用高感光度捕捉运动对象

在拍摄动物等运动对象时，除非其处于静止状态，否则都应该用高速快门来捕捉其或精彩、或难得一见的瞬间动态。使用高速快门的必备条件之一就是曝光要充分，如果拍摄时光线充足，采用这种拍摄技法并非难事；但如果摄影师身处密林之中或室内，则光线会相对较暗，此时就需要使用高感光度来提高快门速度，以"先拍到，后拍好"为原则进行抓拍。

▶ 为了捕捉两只小鸟相互争斗的精彩瞬间，特意将感光度设置到了 ISO1600 这样一个相对较高的数值（焦距：85mm 光圈：F5.6 快门速度：1/640s 感光度：ISO1600）

使用低感光度拍摄丝滑的水流

在风光摄影佳片中常见到丝般的溪流、瀑布、海浪效果，要拍摄这样的照片，首先要将快门速度设置为一个较低的数值，然后再进行测光、构图、拍摄。

例如用 1/4~2s 左右的快门速度拍摄溪流，就能够得到不错的画面效果，但如果拍摄时光线非常充分，则即使使用最小的光圈，快门速度也可能仍然较高，从而无法拍摄出丝质般的流水效果，此时可以将 ISO 感光度数值设置为最低的数值（ISO50），从而降低快门速度。如果按此方法仍然无法拍摄出丝质般的流水效果，则要考虑在镜头前加装中灰镜。

高手点拨

当快门速度较低时，一定要使用三脚架或将相机放在较平坦的地方，使用遥控器进行拍摄，最次也要持稳相机倚靠在树上或石头上，以尽量保证拍摄时相机保持稳定。

▲ 为了降低快门速度，拍摄时使用了 ISO100 的感光度，从而获得了非常梦幻的水流效果，在白色的流水、黄绿色的树叶、黑灰色的石块相互映衬下，画面显得很有诗情画意（焦距：18mm 光圈：F14 快门速度：1.6s 感光度：ISO50）

对照片进行降噪以获得高画质

利用长时间曝光降噪获得纯净画质

在 使用1s或更长的曝光时间拍摄时，利用长时间曝光降噪功能可以明显减少噪点，从而获得画质更纯净的照片。

■OFF（关闭）：选择此选项，在任何情况下都不执行长时间曝光降噪功能。

■AUTO（自动）：选择此选项，当曝光时间超过1s，且相机检测到噪点时，将自动执行降噪处理。此设置在大多数情况下都有效。

■ON（启用）：选择此选项，在曝光时间超过1s时即进行降噪处理，此功能适用于选择"AUTO（自动）"选项时无法自动执行降噪处理的情况。

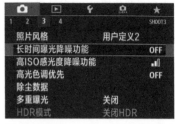

❶ 在**拍摄菜单3**中选择**长时间曝光降噪功能**选项

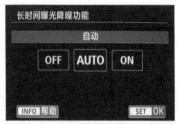

❷ 点击选择所需的选项，然后点击 SET OK 图标确认

高手点拨

降噪处理需要时间，而这个时间可能是未开启此功能时拍摄时间的1倍。如果将"长时间曝光降噪功能"设置为"AUTO（自动）"或"ON（启用）"，并且使用实时显示功能进行长时间曝光拍摄时，那么在降噪处理过程中将显示"BUSY"，直到降噪完成，在这期间将无法继续拍摄照片。因此，通常情况下建议将此功能关闭，在需要进行长时间曝光拍摄时再开启。

Q 为什么开启降噪功能后的拍摄时间，是未开启此功能时拍摄时间的1倍？

A 这是由于降噪功能处于开启的情况下，相机需要在快门未开启时，以相同的曝光时间拍摄出一张有噪点的"空白"照片，并根据此照片中的噪点位置，去除上一张照片中的噪点，经过比对后，两张照片中位置相同的噪点将被去除。因此，开启此功能后，降噪的过程要用1倍的拍摄时间。

了解了这一过程后也就明白了，为什么使用此功能无法去除画面中的全部噪点，因为有些噪点出现的位置是随机的，这样的噪点不会被去除。而在去除大量噪点时，不可避免地会出现误判，导致照片中构成画面细节的像素也被删除了，因此开启此功能后画面的细节会有所损失。

▶ 在拍摄夜景时虽然使用了较长的曝光时间，但由于启用了长时间曝光降噪功能，因此画面中并没有明显的噪点（局部放大见右上角小图）（焦距：40mm 光圈：F14 快门速度：32s 感光度：ISO100）

利用高ISO感光度降噪功能减少噪点

Canon EOS 6D Mark Ⅱ 在高 ISO 感光度噪点控制方面较为出色。在使用高感光度拍摄时，画面中会出现一定的噪点，此时就可以通过"高 ISO 感光度降噪功能"对噪点进行不同程度的消减。

■OFF（关闭）：选择此选项，则不执行高ISO 感光度降噪功能，适用于采用RAW 格式保存照片的情况。

■ .₀₁（弱）：选择此选项，则降噪幅度较弱，适用于直接采用JPEG 格式保存照片且对照片不做调整的情况。

■ .₀₁₁（标准）：选择此选项，则执行标准降噪幅度，照片的画质会略受影响，适用于采用JPEG格式保存照片的情况。

■ .₀₁₁₁（强）：选择此选项，则降噪幅度较大，适用于弱光拍摄的情况。

■ [NR]（多张拍摄降噪）：如果拍摄的是单张照片，在选择此选项后，相机会连续拍摄四张照片，并将其自动合成为一幅JPEG图像，以确保图像的噪点最低。

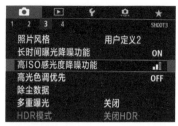

❶ 在**拍摄菜单** 3 中点击选择**高** ISO **感光度降噪功能**选项

❷ 点击选择所需选项，然后点击 **SET OK** 图标

> Q 为什么在提高感光度时画面会出现噪点？
>
> A 数码单反相机感光元件的感光度最低值通常是 ISO100 或 ISO200，这是数码相机的基准感光度。如果要提高感光度，就必须通过相机内部的放大器来实现，因为 CCD 和 CMOS 等感光元件的感光度是固定的。当相机内部的放大器在工作时，相机内部电子元器件间的电磁干扰就会增加，从而使相机的感光元件出现错误曝光，其结果就是画面中出现噪点，与此同时相机宽容度的动态范围也会变小。

▼ 虽然使用高 ISO 感光度降噪功能减少噪点后，照片的细节略有损失，但从整体上看效果还算不错（焦距：100mm　光圈：F8　快门速度：1/30s　感光度：ISO800）

设置曝光补偿以获得正确曝光

曝光补偿的概念

由于数码单反相机是利用一套程序来对不同的拍摄场景进行测光的，因此在拍摄一些极端环境，如在较亮的白雪场景或较暗的弱光环境中拍摄时，往往会出现偏差。为了避免这种情况的发生，需要通过增加或减少曝光补偿使所拍摄景物的亮度、色彩得到较好的还原。

另外，由于传统相机胶卷的宽容度比较大，即使曝光设置有一定的偏差，曝光结果也不会有很大问题；而数码相机感光元件的宽容度较小，因此轻微的曝光偏差就可能影响画面的整体效果。所以，为了避免这种情况的发生，就需要摄影师掌握曝光补偿的原理与设置方法。

Canon EOS 6D Mark Ⅱ的曝光补偿范围为 –5.0~+5.0EV，并以 1/3 级为单位进行调节。

实拍操作：在 P、Tv、Av 模式下，半按快门查看取景器曝光量指示标尺，然后转动速控转盘◎即可调节曝光补偿值。

判断曝光补偿的方向

曝光补偿有正向与负向之分，即增加与减少曝光补偿，针对不同的拍摄题材，在拍摄时一般可使用"白加黑减"口诀来判断是增加还是减少曝光补偿。

需要注意的是，"白加"中提到的"白"并不是指单纯的白色，而是泛指一切颜色看上去比较亮的、比较浅的景物，如雪、雾、白云、浅色的墙体、亮黄色的衣服等；同理，"黑减"中提到的"黑"，也并不是单指黑色，而是泛指一切颜色看上去比较暗的、比较深的景物，如夜景、深蓝色的衣服、阴暗的树林、黑胡桃色的木器等。

因此，在拍摄时，若遇到了大面积的"白色"场景，就应该做正向曝光补偿；如果遇到的是大面积的"黑色"场景，就应该做负向曝光补偿。

❶ 在**拍摄菜单 2** 中点击选择**曝光补偿** /AEB 选项

❷ 点击 **+** 或 **–** 图标选择所需的曝光补偿值，然后点击 SET OK 图标确认

正确理解曝光补偿

许多摄影初学者在刚接触曝光补偿时，以为使用曝光补偿可以在曝光参数不变的情况下提亮或加暗画面，这是错误的认识。

实际上，曝光补偿是通过改变光圈或快门速度来提亮或加暗画面的。即在光圈优先模式下，如果增加曝光补偿，相机实际上是通过降低快门速度来实现的；反之，则是通过提高快门速度来实现的。

在快门优先模式下，如果增加曝光补偿，相机实际上是通过增大光圈来实现的（直至达到镜头所标识的最大光圈，因此当光圈达到镜头所标识的最大光圈时，曝光补偿就不再起作用）；反之，则是通过缩小光圈来实现的。

下面通过两组照片及其拍摄参数来佐证这一点。

▲ 焦距：50mm 光圈：F1.4 快门速度：1/10s 感光度：ISO100 曝光补偿：+1.3EV

▲ 焦距：50mm 光圈：F1.4 快门速度：1/25s 感光度：ISO100 曝光补偿：+0.7EV

▲ 焦距：50mm 光圈：F1.4 快门速度：1/50s 感光度：ISO100 曝光补偿：0EV

▲ 焦距：50mm 光圈：F1.4 快门速度：1/80s 感光度：ISO100 曝光补偿：-0.7EV

从上面展示的 4 张照片中可以看出，在光圈优先模式下，改变曝光补偿，实际上是改变了快门速度。

▲ 焦距：50mm 光圈：F2.5 快门速度：1/50s 感光度：ISO100 曝光补偿：-1.3EV

▲ 焦距：50mm 光圈：F2.2 快门速度：1/50s 感光度：ISO100 曝光补偿：-1EV

▲ 焦距：50mm 光圈：F1.4 快门速度：1/50s 感光度：ISO100 曝光补偿：+1EV

▲ 焦距：50mm 光圈：F1.2 快门速度：1/50s 感光度：ISO100 曝光补偿：+1.7EV

从上面展示的 4 张照片中可以看出，在快门优先模式下，改变曝光补偿，实际上是改变了光圈大小。

判断曝光补偿量

如前所述，根据"白加黑减"口诀来判断曝光补偿的方向并非难事，真正使大多数初学者比较迷惑的是，面对不同的拍摄场景应该如何选择曝光补偿量。

实际上，选择曝光补偿量的标准也很简单，就是要根据画面中的明暗比例来确定。

如果明暗比例为 1 : 1，则无须进行曝光补偿，用评价测光就能够获得准确的曝光。

如果明暗比例为 1 : 2，应该做 -0.3 挡曝光补偿；如果明暗比例是 2 : 1，则应该做 +0.3 挡曝光补偿。

如果明暗比例为 1 : 3，应该做 -0.7 挡曝光补偿；如果明暗比例是 3 : 1，则应该做 +0.7 挡曝光补偿。

如果明暗比例为 1 : 4，应该做 -1 挡曝光补偿；如果明暗比例是 4 : 1，则应该做 +1 挡曝光补偿。

总之，明暗比例相差越大，则曝光补偿数值也应该越大。当然，由于 Canon EOS 6D Mark Ⅱ 的曝光补偿范围为 –5.0~+5.0EV，因此最高的曝光补偿量不可能超过这个数值。

在确定曝光补偿量时，除了要考虑场景的明暗比例以外，还要将摄影师的表达意图考虑在内，其中比较典型的是人像摄影。例如，在拍摄漂亮的女模特时，如果希望其皮肤在画面中显得更白皙一些，则可以在自动测光的基础上再增加 0.3~0.5 挡曝光补偿。

在拍摄老人、棕色或黑色人种时，如果希望其肤色在画面中看起来更沧桑或更黝黑，则可以在自动测光的基础上做 0.3~0.5 挡负向曝光补偿。

▲ 明暗比例为 1 : 2 的场景

▲ 明暗比例为 2 : 1 的场景

▲ 通过降低曝光补偿获得了纯黑色的背景，郁金香显得更加突出（焦距：85mm 光圈：F11 快门速度：1/20s 感光度：ISO200）

增加曝光补偿拍摄皮肤白皙的人像

在拍摄人像，尤其是拍摄儿童或美女人像时，通常都要将其皮肤拍得白皙一些，此时，可以在自动测光（如使用光圈优先模式）的基础上，适当增加半挡或 2/3 挡的曝光补偿，让皮肤获得足够的光线而显得白皙、光滑、细腻，而又不会显得过分苍白。

因为增加曝光补偿后，快门速度将降低，意味着相机可以吸收更多的光线，因此人像皮肤的曝光将更加充分。而其他区域的曝光可以不必太过顾虑，可以通过构图、背景虚化等手法，消除这些区域曝光过度的负面影响。

◀ 拍摄时增加了半挡曝光补偿，少女的皮肤显得更加白皙（焦距：85mm　光圈：F2.8　快门速度：1/500s　感光度：ISO100）

降低曝光补偿拍摄深色背景

在拍摄花卉、静物等题材时，如果被摄主体位于深色背景的前面，可以通过做负向曝光补偿以适当降低曝光量，将背景拍摄成纯黑色，从而凸显前景处的被摄主体。

需要注意的是，拍摄时应该用点测光模式对准前景处被摄主体相对较亮的区域进行测光，从而保证被摄主体的曝光是准确的。

在拍摄时，设置的曝光补偿数值要视画面中深暗色背景的面积而定，面积越大，则曝光补偿的数值也应该设置得大一点。

▶ 使用点测光对花朵亮部测光，并减少 0.5 挡曝光补偿，获得了较暗的背景，从而使花朵在画面中显得更加突出（焦距：135mm 光圈：F5.6 快门速度：1/500s 感光度：ISO200）

增加曝光补偿拍摄白雪

拍摄雪景的难点在于如何使画面获得准确的曝光。由于雪地的反光较强，亮度通常是没有雪覆盖地面的几倍，而相机的内置测光表是以 18% 中性灰为标准进行测光的，较强的反射光会使测光数值降低 1～2 挡曝光量，因此，在保证不会曝光过度的情况下，可通过适当增加曝光补偿的方法如实还原白雪的明度。

在实际拍摄时，天气的阴晴、时间的早晚、阳光下或阴影中、光的方向与照射角度、雪地表面状况、雪地面积等因素，都可能使雪地的亮度变得更加复杂，从而增加拍摄的难度，因此做多少曝光补偿应视上述情况而定。

如果在画面中有人物，则处在前景处的人脸和四周雪景的亮度差会比较大。在曝光时，如果照顾人的面部，则四周的雪景会曝光过度；反之，以雪景的亮度作为曝光依据，则人的面部又会曝光不足。因此，应该以人脸与雪地的平均亮度确定曝光量。

▲ 在拍摄时增加一挡曝光补偿，把雪景拍成真正的白色，画面显得更加真实（焦距：70mm 光圈：F8 快门速度：1/100s 感光度：ISO200）

逆光拍摄时通过做负向曝光补偿拍出剪影或半剪影效果

迎着太阳逆光拍摄时，天空与地面的明暗反差较大，大光比画面会失去很多细节，此时通常要将画面拍成剪影效果。

合适的剪影能够使画面更具美感，形成剪影的对象，可以是树枝、飞鸟、建筑物、人群，也可以是茅草、礁石、小船，不同对象的剪影能够呈现不同的美感，为画面营造不同的氛围。

拍摄时应对着天空中的亮部测光，并通过做负向曝光补偿，使画面深暗区域的细节更少，即可形成明显的剪影或半剪影效果。

高手点拨

拍出的画面是呈剪影还是半剪影效果，取决于拍摄环境的光比与测光点的位置。光比越大，画面效果越接近于剪影；所选择测光点的位置越亮，画面效果也越接近于剪影。

◄ 对天空中的亮部测光，然后做负向曝光补偿，使天空曝光正常而地面上的人物呈剪影效果，画面简洁但耐人寻味（焦距：220mm 光圈：F9 快门速度：1/250s 感光度：ISO100）

拍摄大光比画面需要设置的功能

利用高光色调优先表现高光细节

利用"高光色调优先"功能可以有效地增加高光区域的细节，使灰度与高光之间的过渡更加平滑。这是因为在开启这一功能后，可以使拍摄时的动态范围从标准的18%灰度扩展到高光区域。此时，画面的曝光可能会偏暗一些，同时噪点也会变得较为明显。

启用"高光色调优先"功能后，将会在液晶屏和取景器中显示"D+"符号。相机可以设置的ISO感光度范围也变为ISO200~ISO40000。

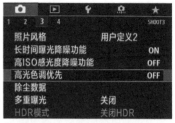

❶ 在**拍摄菜单3**中选择**高光色调优先**选项

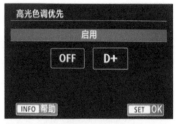

❷ 点击选择**关闭**或**启用**选项，然后点击 SET OK 图标确定

▲ 未开启"高光色调优先"功能，画面的亮部细节有缺失

▲ 放大观察时，白色部分已经因为曝光过度而变成一片惨白，没有细节

▲ 开启"高光色调优先"功能后，亮部细节比较丰富

▲ 放大观察时，白色部分并没有完全过曝，还有细节

高手点拨

在使用顺光拍摄人像、昆虫、动物等题材时，利用"高光色调优先"功能可以通过压低高光曲线，使照片中高光部分的细节有较好的表现。但同时需要注意的是，使用此功能后，所拍出的照片中可能会出现色带，照片的质量反而下降了。

利用自动亮度优化提升暗调照片质量

通常在拍摄光比较大的画面时容易丢失细节，最终出现画面中亮部过亮、暗部过暗或明暗反差较大的情况，此时启用"自动亮度优化"功能，则可以进行不同程度的校正。

例如，在直射且明亮的阳光下拍摄时，拍出的照片中容易出现较暗的阴影与较亮的高光区域，启用"自动亮度优化"功能，可以确保所拍出照片中的高光和阴影的细节不会丢失，因为此功能会使照片的曝光稍欠一些，有助于防止照片的高光区域完全变白而显示不出任何细节，同时还能够避免因为曝光不足而使阴影区域丢失细节。

① 在**拍摄菜单 2** 中选择**自动亮度优化**选项

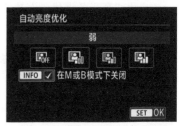

② 点击选择不同的优化强度，点击**INFO.**图标可选中或取消选中**在 M 或 B 模式下关闭**选项，选择完成后点击 **SET OK** 图标确定

高手点拨

"自动亮度优化"功能在拍摄以窗户等明亮物体为背景的人像作品时效果显著，如果关闭此功能，在没有充分补光的情况下，模特的面部会显得很灰暗，但如果将其设为"强"，就能够成功地提亮人物面部，使人物面部与背景均得到合适的曝光。

在Canon EOS 6D Mark Ⅱ中还有一个"在M或B模式下关闭"选项，当选中此选项时，在M和B模式下将禁用"自动亮度优化"功能；反之，则允许手动设置不同的自动亮度优化选项。

如果使用RAW格式保存照片，则无须开启此功能，因为在专业照片处理软件中完全能够实现这一功能。

值得注意的是，如果"高光色调优先"被设为了"启用"，则"自动亮度优化"将被自动设为"关闭"，并且无法改变该设置。另外，根据拍摄条件的不同，使用此功能可能会导致画面中的噪点增多。

实拍操作：按下**Q**按钮显示速控屏幕，使用多功能控制钮❖选择自动亮度优化图标，然后转动主拨盘或速控转盘○选择不同的优化强度。

▼ 启用"自动亮度优化"功能后，暗部细节比较丰富（焦距：200mm 光圈：F4 快门速度：1/125s 感光度：ISO400）

▼ 未启用"自动亮度优化"功能，画面的暗部细节有缺失

利用自动包围曝光提高拍摄的成功率

理解自动包围曝光

无论摄影师使用的是评价测光还是点测光，要实现准确或者说正确的曝光，有时都不能解决问题，其中任何一种方法都会给曝光带来一定程度的遗憾。有的测光方式可能会导致所拍出的画面比正确曝光的画面过曝 1/3EV，有的则可能欠曝 1/3EV。

解决上述问题的最佳方案是使用包围曝光技法，摄影师可以针对同一场景连续拍摄出 3 张曝光量略有差异的照片，每一张照片的曝光量具体相差多少，可由摄影师自己确定。在实际拍摄过程中，摄影师无须调整曝光量，相机将根据摄影师的设置自动在第一张照片的基础上增加、减少一定的曝光量，拍摄出另外两张照片。

按此方法拍摄出来的 3 张照片中，总会有一张是曝光相对准确的照片，因此使用包围曝光能够提高拍摄的成功率。这种技术还能够帮助那些面对复杂的现场光线没有把握正确设置曝光参数的摄影师，通过拍摄多张同一场景且曝光量不同的照片来确保拍摄的成功率。

在实际使用时，如果使用的是单拍模式，要按下 3 次快门才能完成自动包围曝光拍摄；如果使用的是连拍模式，则按住快门即可连续拍摄 3 张曝光量不同的照片。

▲ 设置 ±1EV 的包围曝光值，拍摄得到 3 张曝光量不同的风光照片

设置包围曝光量的方法

要设置包围曝光量，可以按下图所示的方法进行操作。

❶ 在**拍摄菜单 2** 中点击选择**曝光补偿** /AEB 选项

❷ 点击 ➖ 或 ➕ 设置曝光补偿量，并以当前设定的曝光补偿量为基础设置包围曝光的曝光量

❸ 点击 ➖ 或 ➕ 设置自动包围曝光值，设置完成后，然后点击 SET OK 图标确定

设置包围曝光顺序

在 "包围曝光顺序" 菜单中可以设置使用自动包围曝光时不同曝光量照片的拍摄顺序, Canon EOS 6D Mark Ⅱ提供了 3 种包围曝光顺序。选定一种包围曝光顺序后, 相机就会按照该顺序进行拍摄。

高手点拨

在实际拍摄中, 如果更改了 "包围曝光顺序" 选项, 并不会对拍摄的结果产生影响。

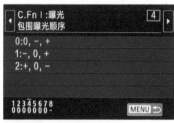
❶ 在**自定义功能菜单**中选择 C.Fn Ⅰ:**曝光**选项, 点击◀或▶图标选择 C.Fn Ⅰ:**曝光 (4)包围曝光顺序**选项

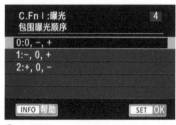
❷ 点击选择一个包围曝光顺序选项, 然后点击 **SET OK** 图标确定

■ 0, −, +: 选择此选项, 相机就会按照第一张标准曝光量、第二张减少曝光量、第三张增加曝光量的顺序进行拍摄。

■ −, 0, +: 选择此选项, 相机就会按照第一张减少曝光量、第二张标准曝光量、第三张增加曝光量的顺序进行拍摄。

■ +, 0, −: 选择此选项, 相机就会按照第一张增加曝光量、第二张标准曝光量、第三张减少曝光量的顺序进行拍摄。

设置包围曝光拍摄数量

在 Canon EOS 6D Mark Ⅱ中, 在进行自动包围曝光及白平衡包围曝光拍摄时, 可以在 "包围曝光拍摄数量" 菜单中指定要拍摄的数量。

在下面的表格中, 以选择 "0, −, +" 包围曝光顺序且包围曝光等级增量为 1 级为例, 列出了选择不同拍摄张数时各照片的曝光差异。

❶ 在**自定义功能菜单**中选择 C.Fn Ⅰ:**曝光**选项, 点击◀或▶图标选择 C.Fn Ⅰ:**曝光 (5)包围曝光拍摄数量**选项

❷ 点击选择一个拍摄数量选项, 然后点击 **SET OK** 图标确定

选项	第 1 张	第 2 张	第 3 张	第 4 张	第 5 张	第 6 张	第 7 张
3 : 3 张	标准 (0)	−1	+1				
2 : 2 张	标准 (0)	±1	−				
5 : 5 张	标准 (0)	−2	−1	+1	+2		
7 : 7 张	标准 (0)	−3	−2	−1	+1	+2	+3

利用HDR合成漂亮的大光比照片

理解宽容度

许多摄影爱好者都曾遇到过面对蓝天白云、金色落日的美景，却无法将其完美地捕捉下来的情况，其原因绝大部分是由于所拍摄的场景光比很大，而数码相机感光元件的宽容度较小，从而造成相机无法同时兼顾场景最暗区域与最亮区域的细节，导致拍摄出来的照片要么亮部成为白色，要么暗部成为黑色。

在数码摄影中，"宽容度"通常也被称为"曝光宽容度"或者"动态范围"，是指感光元件能够真实、准确记录景物亮度反差的最大范围，此参数反映了数码相机能够同时记录同一场景中最亮的高光区域和最黑的暗部区域细节的能力。当相机能够同时保证明亮的光照区域及较暗的阴影区域曝光正确时，则表明数码相机感光元件的宽容度较大。

如果数码相机感光元件的宽容度较小，就可能出现暗部曝光正确，而明亮的高光区域因"过曝"形成一片"死白"的现象，从而丢失很多明亮区域的细节；也可能出现照片亮部曝光正确，但暗部出现一片"死黑"的情况，从而使暗部的许多细节都被淹没在黑暗之中。

因此，在数码摄影中，所用相机的宽容度越大，对于最终照片质量的提升就越有帮助，也才有可能准确记录下那些大光比的漂亮风景。

通常全画幅相机的宽容度比APS-C画幅相机的宽容度要大；而APS-C画幅相机的宽容度又比家用小数码相机的宽容度要大。

▲ 在光线较弱的环境中拍摄，暗部细节损失较多（焦距：24mm 光圈：F3.5 快门速度：1/60s 感光度：ISO80）

▲ 在光线较亮的环境中拍摄，亮部细节损失较多（焦距：18mm 光圈：F14 快门速度：1/160s 感光度：ISO250）

解决宽容度问题的最佳办法——HDR

由于宽容度的大小取决于相机的硬件，因此要使拍摄出来的照片有较大的宽容度，必须从拍摄技术入手，目前最佳解决方法就是采用高动态范围图像合成技术，即HDR图像合成技术。

使用HDR图像合成技术，可以通过分别记录场景中最亮影调和最暗影调，然后在HDR专业软件中将这些照片"合并"在一起，从而得到高光区域和暗部区域细节都有较好表现的画面效果。

利用HDR模式直接拍出HDR照片

利用 Canon EOS 6D Mark Ⅱ 的"HDR 模式"功能，可以直接拍摄出具有丰富明暗细节的 HDR 照片。HDR 模式的原理是通过连续拍摄 3 张正常曝光量、增加曝光量及减少曝光量的影像，然后由相机进行高动态影像合成，从而获得暗调、中间调与高光区域都具有丰富细节的照片，甚至还可以获得类似油画、浮雕画等特殊的影像效果。

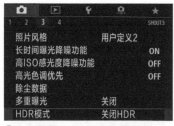

① 在**拍摄菜单 3** 中选择 HDR **模式**选项

② 点击选择要修改的选项

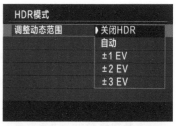

③ 若在步骤②中选择了**调整动态范围**选项，可以点击选择 HDR 的动态范围

④ 若在步骤②中选择了**效果**选项，点击选择不同的合成效果

⑤ 若在步骤②中选择了**连续** HDR 选项，点击选择**仅限 1 张**或**每张**选项

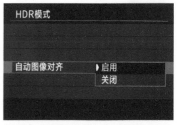

⑥ 若在步骤②中选择了**自动图像对齐**选项，点击选择**启用**或**关闭**选项

■调整动态范围：此选项用于控制是否启用HDR模式，以及在开启此功能后的动态范围。选择"自动"将由相机自动判断合适的动态范围，然后以适当的曝光增减量进行拍摄并合成。选择选择±1、±2或±3选项，可以指定合成时的动态范围，即分别拍摄正常、增加和减少1/2/3挡曝光的图像，并进行合成。

■效果：此选项用于选择合成HDR图像时的影像效果，包括"自然""标准绘画风格""浓艳绘画风格""油画风格""浮雕画风格"5个选项。

■连续HDR：在此选项中可以设置是否连续多次使用HDR模式。选择"仅限1张"选项，将在拍摄完成一张HDR照片后，自动关闭此功能。选择"每张"选项，将一直保持HDR模式的开启状态，直至摄影师手动将其关闭为止。

■自动图像对齐：选择"启用"选项，在合成HDR图像时，相机会自动对齐各个图像，减少出现图像之间错位的现象。选择"关闭"选项，将关闭"自动图像对齐"功能，若拍摄的3张照片中有位置偏差，则合成后的照片可能会出现重影现象。

利用包围曝光法为合成HDR照片拍摄素材

前期包围曝光是指在拍摄现场，针对同一场景可采用不同曝光值拍摄多张照片的工作方式，这些曝光量不同的照片可以作为合成 HDR 照片的素材。

在拍摄之前，需要在数码相机中设置好包围曝光拍摄参数，Canon EOS 6D Mark Ⅱ 默认采用"正常→曝光不足→曝光过度"的曝光顺序连续拍摄三张照片，每张照片的曝光量差值可以根据需要进行调整，其调整范围通常为 ±2 级，从而得到标准曝光量、减少曝光量、增加曝光量 3 种不同曝光程度的照片。

使用这种方法获得不同曝光量的照片后，即可在后期处理软件中进行 HDR 合成，最后得到高光、中间调及暗调细节都丰富的照片。

采用自动包围曝光法拍摄时应注意如下问题：

■ 建议采用光圈优先模式，只有使相机在自动变换曝光量时保持光圈恒定，才能保证拍摄出来的画面景深不变，这样的素材在后期合成时彼此细节才能够吻合。

■ 由于自动对焦很容易产生误差，因此建议采用手动对焦方式进行对焦。

■ 建议通过快门线控制快门，尽量避免相机产生震动。

■ 要想获得高质量的HDR照片，建议使用三脚架辅助拍摄。

■ 要想获得高宽容度的数码照片，应将曝光量的差值设置得相对大一些，比如，每挡曝光相差2级。

▲ 这 3 张照片在拍摄时，基础上设置了 ±1EV 的包围曝光，因此拍摄得到的 3 张照片分别为 −1EV、0EV、+1.0EV 的效果

使用Photoshop合成HDR影像

在本例中，由于环境的光比较大，因此拍摄了3张不同曝光的RAW格式照片，以分别显示出高光、中间调及暗部的细节，这是合成HDR照片的必要前提，会对合成结果产生很大的影响，而且RAW本身具有极高的宽容度，能够合成出更好的HDR效果，然后只需要按部就班的在Adobe CameraRAW中进行合成并调整即可。

▲ 选择"合并到HDR"命令

① 在Photoshop中打开要合成HDR的3幅照片，以启动CameraRAW软件。在本例中，将使用上一小节中的3张照片进行HDR合成。

② 在左侧列表中选中任意一张照片，按Ctrl+A键选中所有的照片。按Alt+M键，或单击列表右上角的菜单按钮≡，在弹出的菜单中选择"合并到HDR"命令。

③ 在经过一定的处理过程后，将显示"HDR合并预览"对话框，通常情况下，以默认参数进行处理即可。

▲ "HDR 合并预览"对话框

④ 单击"合并"按钮，在弹出的对话框中选择文件保存的位置，并以默认的DNG格式进行保存，保存后的文件会与之前的素材一起，显示在左侧的列表中。

⑤ 至此，HDR合成就已经完成，用户可根据需要，在其中适当调整曝光及色彩等属性，直至满意为止。

利用曝光锁定功能锁定曝光

曝光锁定应用场合及操作方法

曝光锁定，顾名思义就是可以将画面中某个特定区域的曝光值锁定，并以此曝光值对场景进行曝光。

曝光锁定主要用于如下场合：①当光线复杂而主体不在画面中央位置的时候，需要先对准主体进行测光，然后将曝光值锁定，再进行重新构图、拍摄；②以代测法对场景进行测光，当场景中的光线复杂或主体较小时，可以对其他代测物体进行测光，如人的面部、反光率为18%的灰板、人的手背等，然后将曝光值锁定，再进行重新构图、拍摄。

下面以拍摄人像为例讲解其操作方法。

❶ 通过使用镜头的长焦端或者靠近被摄人物，使被摄者充满画面，半按快门得到一个曝光值，按下✱按钮锁定曝光值。

❷ 保持✱按钮的被按下状态，通过改变相机的焦距或者改变和被摄人物之间的距离进行重新构图，半按快门对被摄者对焦，合焦后完全按下快门完成拍摄。

▲ Canon EOS 6D Mark II相机的曝光锁定按钮"✱"

▲ 先对人物的面部进行测光，锁定曝光并重新构图后再进行拍摄，从而保证面部获得正确的曝光（焦距：50mm 光圈：F3.2 快门速度：1/250s 感光度：ISO100）

▲ 使用长焦镜头将女孩的头部拉近，直至其基本充满整个取景器，在此基础上进行测光，可以确保人像的面部获得正确曝光

不同摄影题材的曝光锁定技巧

在拍摄人像时，通常以模特的脸部作为曝光依据并进行锁定，这样可以使人物的肤色得到正确还原。

在拍摄蓝天白云时，通常以天空作为曝光依据并进行锁定，这样可以使拍摄出来的蓝天更蓝、白云更白。

在拍摄湖面等有大面积积水的景物时，通常以水面的反光处作为曝光依据并进行锁定，这样可以使拍摄出来的水面细节更加丰富。

在拍摄树木时，通常以树木明暗交接处的亮度作为曝光依据并进行锁定，这样可以使拍摄出来的树木显得更加郁郁葱葱。

在拍摄日出日落时，通常以太阳旁边的高光云彩作为曝光依据并进行锁定，这样可以使拍摄出来的云彩显得更加细腻。

▲ 在拍摄夕阳时，以云彩作为曝光依据并进行锁定，这样云彩的细节会非常丰富，画面极具视觉冲击力（焦距：24mm 光圈：F9 快门速度：1/500s 感光度：ISO100）

▶ 在拍摄蓝天白云时，以天空的中灰部分作为曝光依据并进行锁定，天空中云彩显得非常有层次，且具立体感，而地面景物因曝光不足而显得较暗，从而使天空显得更加突出（焦距：35mm 光圈：F11 快门速度：1/125s 感光度：ISO100）

通过柱状图判断曝光是否准确

柱状图就是常说的直方图，是表示相机曝光所捕获的影像色彩或影调的图示。

柱状图的作用

通过查看柱状图所呈现的效果，可以帮助拍摄者判断曝光情况，并据此进行相应调整，以得到最佳曝光效果。另外，在实时取景状态下拍摄时，通过柱状图可以检测画面的成像效果，为拍摄者提供重要的曝光信息。

很多摄影爱好者都会陷入这样一个误区，液晶显示屏上的影像很棒，便以为真正的曝光效果也会不错，但事实并非如此。这是由于很多相机的显示屏还处于出厂时的默认状态，显示屏的对比度和亮度都比较高，令摄影者误以为拍摄到的影像很漂亮，倘若不看柱状图，往往会感觉照片曝光正合适，但在计算机屏幕上观看时，却发现拍摄时感觉还不错的照片，暗部层次却丢失了，即使使用后期处理软件挽回部分细节，效果也不是太好。

因此，在拍摄时摄影师要养成随时观看柱状图的习惯，这是唯一值得信赖的判断曝光是否正确的依据。

▲ 拍摄偏高调的照片时，利用柱状图能够更准确地判断画面是否过曝（焦距：35mm 光圈：F3.5 快门速度：1/50s 感光度：ISO320）

如何观看柱状图

柱状图的横轴表示亮度等级（从左至右分别对应黑与白），纵轴表示图像中各种亮度像素数量的多少，峰值越高则表示这个亮度的像素数量就越多。

所以，拍摄者可通过观看柱状图的显示状态来判断照片的曝光情况，若画面曝光不足或曝光过度，调整曝光参数后再进行拍摄，即可获得一张曝光准确的照片。

当曝光过度时，照片中会出现死白的区域，画面中的很多亮部细节都丢失了，反映在柱状图上就是像素主要集中于横轴的右端（最亮处），并出现

像素溢出现象，即高光溢出，而左侧较暗的区域则无像素分布，故该照片在后期无法补救。

当曝光准确时，照片影调较为均匀，且高光、暗部或阴影处均无细节丢失，反映在柱状图上就是在整个横轴上从最黑的左端到最白的右端都有像素分布，后期可调整余地较大。

当曝光不足时，照片中会出现无细节的死黑区域，画面中丢失了过多的暗部细节，反映在柱状图上就是像素主要集中于横轴的左端（最暗处），并出现像素溢出现象，即暗部溢出，而右侧较亮区域少有像素分布，故该照片在后期也无法补救。

▲ 柱状图中线条偏左且溢出，说明画面曝光不足（焦距：35mm 光圈：F4 快门速度：1/125s 感光度：ISO200）

▲ 柱状图右侧溢出，说明画面中高光处曝光过度（焦距：27mm 光圈：F2.8 快门速度：1/640s 感光度：ISO100）

▲ 曝光正常的柱状图，画面明暗适中，色调分布均匀（焦距：50mm 光圈：F10 快门速度：1/250s 感光度：ISO100）

显示柱状图的方法

Canon EOS 6D Mark Ⅱ相机提供了亮度和RGB两种柱状图，分别表示曝光情况和色彩分布情况。通过"显示柱状图"菜单可以控制是显示亮度柱状图还是显示RGB柱状图。

❶ 在回放菜单3中点击选择显示柱状图选项

❷ 点击选择显示哪种柱状图

■亮度：选择此选项，则显示亮度柱状图。其中横轴和纵轴分别代表亮度等级（左侧暗，右侧亮）和像素分布状况，两者共同反映出所拍图像的曝光量和整体色调情况。

▲ 亮度柱状图

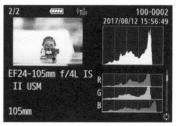

▲ RGB 柱状图

■RGB：选择此选项，则显示RGB柱状图。此柱状图是显示图像中各三原色的亮度等级分布情况的图表。横轴表示色彩的亮度等级，纵轴表示每个色彩亮度等级上的像素分布情况。左侧分布的像素越多，则色彩越暗淡；右侧分布的像素越多，则色彩越明亮、浓郁。如果左侧像素过多，则相应的色彩会因明度不足而导致缺少细节；如果右侧像素过多，则色彩会因过于饱和而没有细节。

通过后期软件查看柱状图

柱状图除了可以在 Canon EOS 6D Mark Ⅱ相机中查看外，还可以在后期处理软件中查看，例如利用 Photoshop 和 ACDSee 等软件都可以查看柱状图。

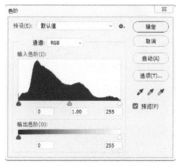

▲ Photoshop 软件中的"色阶"对话框

▲ ACDSee 软件编辑工具中的色阶选项

不同类型照片的柱状图

理想的柱状图其实是相对的，照片类型不同，其柱状图形状也不同。以均匀照度下、中等反差的景物为例，准确曝光照片的柱状图两端没有像素溢出，线条均衡分布。下面结合实际图例进行分析。

曝光准确的中间调照片柱状图

曝光准确的中间调照片由于没有大面积的高亮与低暗区域，因此其柱状图的线条分布较为均衡，从柱状图的最左侧至最右侧通常都有线条分布，而线条出现最集中的地方是柱状图的中间位置。

曝光正常照片的柱状图，画面明暗适中，色调分布均匀（焦距：85mm 光圈：F3.5 快门速度：1/125s 感光度：ISO100）

高调照片柱状图

高调照片有大面积浅色、亮色，反映在柱状图上就是像素基本上都出现在其右侧，左侧即使有像素，其数量也比较少。

▲ 画面中雪地的颜色以浅色为主，所以在柱状图中像素大多位于偏右位置（焦距：24mm 光圈：F9 快门速度：1/125s 感光度：ISO100）

高反差低调照片柱状图

由于高反差低调照片中高亮区域虽然比低暗的阴影区域小，但仍然在画面中占有一定的比例，因此在柱状图上可以看到像素会在最左侧与最右侧出现，而大量的像素则集中在柱状图偏左侧的位置。

▲ 画面中剪影与明亮的天空反差很大，所以在柱状图中像素大多分布在偏两边的位置（焦距：17mm 光圈：F5.6 快门速度：1/250s 感光度：ISO100）

低反差低调照片柱状图

由于低反差暗调照片中有大面积暗调，而高光面积较小，因此在其柱状图上可以看到像素基本集中在左侧，而右侧的像素则较少。

▶ 此画面展现的是弱光下的星空与地面，所以在柱状图中像素大多分布在中间偏左的位置（焦距：16mm 光圈：F3.2 快门速度：30s 感光度：ISO1600）

焦距：400mm 光圈：F5.6 快门速度：1/500s 感光度：ISO200

Chapter **07**

掌握对焦设定

认识 Canon EOS 6D Mark Ⅱ 的对焦系统

理解对焦点

从被摄对象的角度来说，对焦点就是相机在拍摄时合焦的位置，例如，在拍摄花卉时，如果对焦点选在花蕊上，则最终拍摄出来的照片中花蕊部分就是最清晰的。从相机的角度来说，对焦点是在液晶监视器及取景器上显示的数个方框。在拍摄时，摄影师需要使相机的对焦框与被摄对象需要对焦的位置准确合一，以指导相机在拍摄时应该对哪一部分进行合焦。

在设计相机时，厂家已经根据产品的定位、目标人群，定义了相机的对焦点数量。例如，Canon EOS 760D 有 19 个对焦点，Canon EOS 6D Mark Ⅱ 有 45 个对焦点，而专业级全画幅相机 Canon EOS 5Ds 则都有多达 61 个对焦点。

单纯从对焦的角度来看，对焦点的数量越多，其对焦性能也就越强大。由此也不难理解，越是高端的数码单反相机，配备的对焦点数量也就越多。

▼ 利用中间的对焦点对花蕊部分进行对焦，拍摄背景模糊的漂亮照片（焦距：100mm　光圈：F4.5　快门速度：1/160s　感光度：ISO200）

对焦点数量与相机综合性能的关系

单纯从对焦的角度来考虑，相机的对焦点数量越多，其对焦性能似乎就越强大，但事实并非如此。

因为随着自动对焦点数量的增加，相应获取的信息量会随之增大，这会导致需要进行处理的数据量也大幅增加。在这种情况下，为了保持相机对于对焦信息的处理速度，必须为相机搭载自动对焦专用处理芯片，或采用双数字影像处理器及容量更大的电池。

而对于 Canon EOS 6D Mark Ⅱ 这个级别的相机而言，如果在售价不变的情况下，不太可能额外增加自动对焦专用处理芯片、双数字影像处理器及容量更大的电池。

因此，如果自动对焦点的数量超过 45 个，不但无法实现十字自动对焦，相机的反应速度也会受到影响，从而降低使用的便捷性。从这个角度来看，Canon EOS 6D Mark Ⅱ 采用 45 个十字形自动对焦感应器，平衡了机身与对焦性能，能够较好地完成高速、高精度的对焦操作。

灵活的45点对焦系统

右图展示了 Canon EOS 6D Mark Ⅱ 的 45 个对焦点的分布情况，这 45 个对焦点可分为如下两类：最中间的对焦点是 F5.6+F2.8 八向双十字形对焦点（即在 F5.6 十字形感应器基础上，斜向配置 F2.8 十字形感应器，从而形成八向双十字形对焦点），余下的 44 个对焦点是 F5.6 十字形对焦点。

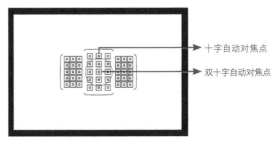

十字自动对焦点

双十字自动对焦点

▲ Canon EOS 6D Mark Ⅱ 对焦点分布情况

了解十字及双十字对焦点

在上面的讲解中，虽然提到了十字及双十字两种类型的对焦点，但实际上对任何一个对焦点来说，都对应着相应的对焦感应器，而一字形、十字形和双十字形正是对焦感应器的分类，只是在各类交流、沟通中，摄影师总是习惯于将对焦点称为某种类型的对焦点而已。

■十字对焦点：即对焦感应器呈现"十"字形状，十字形对焦点采用一个水平一字形对焦感应器和一个垂直一字形对焦感应器，两者呈90°垂直排列，能够同时对画面中的垂直及水平线条做出反应，从而大大提高对焦的成功率和准确性。

■双十字对焦点：又称为八向双十字对焦点，即在十字对焦点的基础上，再增加两个呈"X"形排列的对焦感应器，对焦感应器最终呈现为"米"字形状，这种对焦点能够进一步提高对焦的精度。这两种对焦点的对焦能力是递增的，即十字对焦点＜双十字对焦点。

了解F2.8及F5.6各级别对焦点的意义

要使前面讲解的两种类型的对焦点正常工作，还有一个不可忽视的因素，即镜头的最大光圈。简单来说，要让不同类型的对焦感应器工作，必须满足其对不同光圈值的要求。对于Canon EOS 6D Mark II而言，其对焦感应器可分为F2.8及F5.6两种类型。

F2.8对焦感应器只能在镜头最大光圈大于等于F2.8时才能工作，若镜头的最大光圈仅为F4，则无法使用F2.8对焦感应器进行自动对焦。

对于对焦感应器来说，其要求的最大光圈越大，说明其对焦精度越高，即F2.8对焦感应器的对焦精度要高于F5.6对焦感应器的对焦精度。但需要指出的是，光圈值越大，对焦速度也越慢，因此，由F2.8对焦感应器及F5.6对焦感应器构成的双十字对焦点能综合两者优势，实现既快速又精确的自动对焦。

需要特别注意的是，能否使不同光圈级别的对焦点发挥作用，取决于摄影师所使用的镜头。镜头的最大光圈越大，越能够使相机的全部对焦点发挥功用；否则，只能够使一部分对焦点发挥功用，这与在拍摄时使用的最大光圈值没有关系。例如，对于佳能 EF 24-70mm F2.8 L II USM 镜头，它全程都可以使用 F2.8 的最大光圈，因此，当将其安装在 Canon EOS 6D Mark II 上时，就可以启用中央的双十字形对焦感应器。

而对于佳能 EF 28-135mm F3.5-5.6 IS USM 镜头，其最大光圈的区间为 F3.5 ~ F5.6，也就是说，在任何焦段下，它都达不到 F2.8 的光圈，因此就无法启用中央的双十字对焦感应器。

▲ 佳能 EF-S 17-55mm F2.8 IS USM

▲ 佳能 EF-S 18-55mm F3.5-5.6 IS II USM

Canon EOS 6D Mark II 的对焦点在较小光圈下仍然能够对焦的原理

如前所述，F2.8对焦感应器只有在所使用镜头的最大光圈大于等于F2.8时才能够工作。那么，是否意味着当摄影师使用F16或者更小光圈时，就无法进行对焦了呢？

答案并非如此，因为在实际拍摄时，无论机身设置的光圈是多少，当相机进行对焦时，为了保证对焦和取景时进入相机的光线最多、取景器最明亮，相机都是以最大光圈进行工作的，只是在按下快门时，相机才将光圈收缩到 F16 或设置的某一光圈数值，因此，在拍摄时即使使用 F16 这样的小光圈也仍然能够进行精确对焦。

根据拍摄对象选择自动对焦模式

如果说了解测光可以帮助我们正确还原影调与色彩的话，那么选择正确的对焦模式，则可以帮助我们获得清晰的影像，而这恰恰是拍出好照片的关键环节之一。因此，了解各种自动对焦模式的特点及适用场合是非常重要的。

实拍操作：按下 **AF** 按钮并转动主拨盘 🎛，可以在 3 种自动对焦模式间切换。

拍摄静止对象选择单次自动对焦（ONE SHOT）

在单次自动对焦模式下，相机在合焦（半按快门时对焦成功）之后即停止自动对焦，此时可以保持半按快门的状态重新调整构图。

这种自动对焦模式是风光摄影最常用的对焦模式之一，特别适合拍摄静止的对象，例如山峦、树木、湖泊、建筑等。当然，在拍摄人像、动物时，如果被摄对象处于静止状态，也可以使用这种自动对焦模式。

▲ 使用单次自动对焦模式拍摄静止的对象，画面焦点清晰、色彩艳丽

拍摄运动对象选择人工智能伺服自动对焦（AI SERVO）

选择人工智能伺服自动对焦模式后，当摄影师半按快门合焦后，保持快门的半按状态，相机会在对焦点中自动切换以保持对运动对象的准确合焦状态，如果在这个过程中被摄对象的位置发生了较大的变化，只要移动相机使自动对焦点保持覆盖主体，就可以持续进行对焦。

这种对焦模式较适合拍摄运动中的鸟、昆虫、人等对象。

▲ 使用人工智能伺服自动对焦模式拍摄飞行中的白鹭，通过移动相机使自动对焦点保持覆盖主体，可以确保拍摄到清晰的主体（焦距：200mm 光圈：F6.3 快门速度：1/640s 感光度：ISO250）

拍摄动静不定的对象选择人工智能自动对焦（AI FOCUS）

人工智能自动对焦模式适用于无法确定拍摄对象是静止还是运动状态的情况，此时相机会自动根据拍摄对象是否运动来选择单次自动对焦还是人工智能伺服自动对焦。

例如，在动物摄影中，如果所拍摄的动物暂时处于静止状态，但有突然运动的可能性，此时应该使用该自动对焦模式，以保证能够将拍摄对象清晰地捕捉下来。在人像摄影中，如果模特不是处于摆拍的状态，随时有可能从静止变为运动状态，此时也可以使用这种自动对焦模式。

高手点拨

当使用前面所讲述的3种自动对焦模式无法自动对焦时，应从以下几方面进行检查：①检查镜头上的对焦模式开关，如果镜头上的对焦模式开关被置于MF位置，将不能自动对焦，将镜头上的对焦模式开关转至AF即可；②确保稳妥地安装了镜头，如果没有稳妥地安装镜头，则有可能无法正确对焦。

▲ 这个年龄阶段的孩子正处于忽而安静忽而活跃的时期，拍摄时使用人工智能自动对焦模式，更容易获得焦点清晰的画面（焦距：45mm 光圈：F3.5 快门速度：1/160s 感光度：ISO100）

控制自动对焦辅助光

利用"自动对焦辅助光闪光"菜单可以控制是否开启相机的自动对焦辅助光。在弱光环境下拍摄时，由于对焦很困难，因此可以开启自动对焦辅助光照亮被摄对象，以辅助对焦。

- 启用：选择此选项，内置闪光灯和外接EOS专用闪光灯将会发射自动对焦辅助光。
- 关闭：选择此选项，闪光灯将不发射自动对焦辅助光。
- 只发射外接闪光灯自动对焦辅助光：选择此选项，如果安装了外接佳能原厂专用闪光灯，则此闪光灯会在需要时发射自动对焦辅助光，此时相机的内置闪光灯不发射自动对焦辅助光。
- 只发射红外自动对焦辅助光：选择此选项，将禁止内置、外置闪光灯自动发射闪光进行辅助对焦，而只发出红外线自动对焦辅助光进行辅助对焦。此选项只在使用具有红外自动对焦辅助光功能的外置闪光灯时有效。

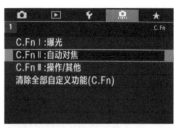

❶ 在**自定义功能菜单**中选择 C.Fn II：**自动对焦**选项

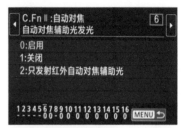

❷ 点击◀或▶图标选择 C.Fn II：**自动对焦**(6) **自动对焦辅助光发光**选项

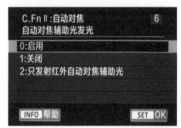

❸ 点击选择所需的选项，然后点击 **SET OK** 图标确定

> **高手点拨**
>
> 需要注意的是，如果要使用"自动对焦辅助光闪光"功能，那么在外置闪光灯的设置中也同样要将"自动对焦辅助光闪光"选项设置为"启用"，否则即使启用"自动对焦辅助光闪光"功能，闪光灯依然不会发射自动对焦辅助光。

使用手动对焦准确对焦

在实际拍摄过程中，如果遇到下面的情况，相机的自动对焦系统往往无法准确对焦，此时应该使用手动对焦功能。

- 画面主体处于杂乱的环境中，例如拍摄杂草后面的花朵。
- 画面属于高对比、低反差的画面，例如拍摄日出、日落。
- 弱光摄影，例如拍摄夜景、星空。
- 距离太近的题材，例如拍摄昆虫、花卉等。
- 主体被覆盖，例如拍摄动物园笼子中的动物、鸟笼中的鸟等。
- 对比度很低的景物，例如拍摄纯的蓝天、墙壁。
- 距离较近且相似程度又很高的题材，例如照片翻拍等。

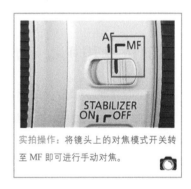

实拍操作：将镜头上的对焦模式开关转至 MF 即可进行手动对焦。

> **高手点拨**
>
> 要使用手动对焦功能，首先需要在镜头上将对焦模式从默认的AF自动对焦切换至MF手动对焦，拧动对焦环，直至在取景器中观察到的影像非常清晰为止，然后即可按下快门进行拍摄。有些镜头是支持全时手动对焦的，即在没有切换至MF 的情况下，也可以拧动对焦环进行手动对焦。如果镜头不支持全时手动对焦，切不可强行拧动对焦环，否则很可能损坏对焦系统。

手选对焦点/对焦区域的方法

在 P、Av、Tv 及 M 模式下，除"自动选择自动对焦"模式外，其他 4 种自动对焦区域模式都支持手动选择对焦点或对焦区域，以便根据对焦需要进行选择。

在选择对焦点 / 对焦区域时，先按下机身上的自动对焦点选择按钮⊞ 或自动对焦区域选择按钮⊞，然后在液晶监视器上使用多功能控制钮在 8 个方向上设置对焦点的位置，如果按下 SET 按钮，则可以选择中央对焦点 / 区域。

另外，转动主拨盘可以在水平方向上切换对焦点，转动速控转盘可以在垂直方向上切换对焦点。

实拍操作：按下相机背面右上方的自动对焦点选择按钮⊞，然后按多功能控制钮✲调整对焦点或对焦区域的位置。

◀ 手选对焦点后，只需要对构图进行小幅调整即可进行拍摄，从而尽量避免重新构图时可能产生的失焦问题（焦距：200mm 光圈：F3.2　快门速度：1/100s　感光度：ISO100）

如何依靠相机提示判断是否正确合焦

无论拍摄哪一种题材，都必须确保相机合焦于要重点表现的对象上。要判断是否正确合焦，除了可以通过目测取景器中的被摄对象是否处于最清晰的状态，还可以在使用不同的自动对焦模式时，依靠相机的提示来判断是否已经正确合焦。

如果取景器中的合焦确认指示灯●不停闪烁，就表示被摄体无法合焦。此时，即使完全按下快门按钮也不能完成拍摄，需要重新构图并再次尝试进行对焦。

使用单次自动对焦模式拍摄时，如果合焦的话，取景器中合焦的自动对焦点将短暂地以红色闪烁，并且取景器中的合焦确认指示灯●也会亮起，相机还会发出提示音。

当使用人工智能伺服自动对焦模式拍摄时，即使在合焦时也不会发出提示音。另外，取景器中的合焦确认指示灯●也不会亮起。

当使用人工智能自动对焦模式拍摄时，相机会发出轻微的提示音，但取景器中的合焦确认指示灯●不会亮起。

灵活运用自动对焦区域选择模式

通过选择不同的自动对焦区域选择模式，可以改变参与对焦的对焦点的数量与组合方式，以更好地拍摄不同题材。

自动对焦区域选择方法

利用此菜单可以根据个人的操作习惯，设置自动对焦区域的选择方法。

■ ⊞ → 自动对焦区域选择按钮：选择此选项，在按下⊞或⊞按钮后，每次按下⊞按钮即可改变自动对焦区域选择模式。

■ ⊞ → 主拨盘：选择此选项，在按下⊞或⊞按钮后，转动主拨盘时即可改变自动对焦区域选择模式。

❶ 在**自定义功能菜单**中选择 C.Fn Ⅱ：**自动对焦**选项，点击◀或▶图标选择 C.Fn Ⅱ：**自动对焦**（9）**自动对焦区域选择方法**选项

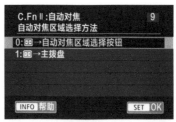

❷ 点击选择所需的选项，然后点击 SET OK 图标确定

手动选择：定点自动对焦

在此模式下，摄影师可以在 45 个对焦点中手动选择自动对焦点，但此模式的对焦区域较小，因此适合进行更小范围的对焦。如隔着笼子拍摄动物时，可能会需要更小的对焦点对笼子里面的动物进行对焦。但也正由于对焦区域小，因此在手持拍摄或移动对焦时，可能会出现无法合焦的问题。

▲ 使用"手动选择：定点自动对焦"功能，在针对铁丝网后动物的眼睛进行对焦时，可以确保其精准度（焦距：400mm 光圈：F9 快门速度：1/250s 感光度：ISO400）

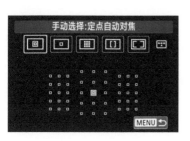

◀ 选择**手动选择：定点自动对焦**模式时的显示屏

手动选择：单点自动对焦

单点自动对焦手动选择是只使用一个手动选择的自动对焦点合焦的自动对焦区域模式，在此模式下，摄影师可以手动选择对焦点的位置。在拍摄人像、静物和风景时，单点自动对焦手动选择区域模式很常用。

▲ 选择"手动选择：单点自动对焦"区域模式时的显示屏

◀ 在拍摄人像时，常常使用单点自动对焦区域模式对人物眼睛对焦，得到人物清晰前景虚化的效果（焦距：190mm　光圈：F5　快门速度：1/320s　感光度：ISO100）

手动选择：区域自动对焦

在此自动对焦区域模式下，相机的 45 个自动对焦点被分成 9 个区域，当选择某个区域进行对焦时，则此区域内的对焦点将自动进行对焦。

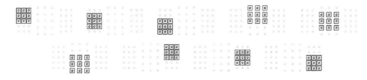

▲ 采用区域自动对焦模式选择不同区域时的状态

选择"手动选择：区域自动对焦"区域模式时的显示屏

高手点拨

由于区域自动对焦手动选择区域模式是在一个相对小的对焦区域内（即 9 个小区域中的某一个），由相机识别被摄体进行自动合焦，因此这种模式适用于要拍摄的被摄体本身或想对其合焦的部分比较大，且对精确合焦位置要求不太高的情况。例如，在拍摄鞍马运动员时，如果仅希望清晰地捕捉其手部的动作，且对合焦的位置并没有过多的要求时，就可以使用这种自动对焦区域模式。

手动选择：大区域自动对焦

在此模式下，相机的 45 个自动对焦点被划分为左、中、右 3 个对焦区域，每个区域中分布有 15 个对焦点。由于此对焦模式的对焦区域比区域自动对焦更大，因此更易于捕捉运动的主体。但使用此对焦模式时，相对只会自动将焦点对焦于距离相机更近的被摄体区域上，因此无法精准指定对焦位置。

▲ 选择"手动选择：大区域自动对焦"区域模式时的显示屏

▲ 采用大区域自动对焦模式选择不同区域时的状态

自动选择自动对焦

45 点自动对焦是最简单的自动对焦区域模式，此时将完全由相机决定对哪些对象进行对焦（相机总体上倾向于对距离镜头最近的主体进行对焦），适用于主体位于前面或对对焦要求不高的情况，例如拍摄旅游纪实作品或街头随拍等。

▲ 选择"自动选择自动对焦"区域模式时的显示屏

高手点拨

使用"自动选择45点自动对焦"模式时，在单次自动对焦模式下，对焦成功后将显示所有成功对焦的对焦点；在人工智能伺服自动对焦模式下，将优先选择"初始AF点，〔 〕人工智能伺服AF"菜单中设定的人工智能伺服自动对焦的起始自动对焦点。

◀ 在旅行途中拍摄时，使用自动选择自动对焦区域模式即可（焦距：28mm 光圈：F8 快门速度：1/40s 感光度：ISO400）

设置自动对焦点自动选择：色彩跟踪

色彩跟踪是一种较为先进的对焦功能，在此功能处于开启的状态下，相机可以轻松地记住开始对焦位置的肤色，然后通过切换自动对焦点追踪此颜色，以保持合焦状态。

在对焦区域模式设置为区域自动对焦、大区域自动对焦及自动选择自动对焦三种模式时，用户可以通过"自动对焦点自动选择：色彩跟踪"，来设置是否使用此功能。

■启用：选择此选项，相机不仅会根据自动对焦信息选择对焦点，还可以根据被摄体的色彩信息自动选择自动对焦点。当使用"人工智能伺服自动对焦模式"拍摄时，选择此选项，更容易对被摄体追焦。而与常规的根据自动对焦信息的对焦方式相比，也会更加容易持续追踪对焦被摄体。当使用"单次自动对焦模式"拍摄时，选择此选项，相机会对焦更准确，因此摄影师可以专心地放在构图上。

■关闭：选择此选项，则按常规方式进行自动对焦。

❶ 在**自定义功能菜单**中选择 C.Fn Ⅱ：**自动对焦**选项，点击◀或▶图标选择 C.Fn Ⅱ：**自动对焦（12）自动对焦点自动选择：色彩跟踪**选项

❷ 点击选择所需的参数选项，然后点击 SET OK 图标确定

▼ 在拍摄环境人像照片时，摄影师可以设置为单次自动对焦模式、自动选择自动对焦区域模式，然后在此菜单中选择"启用"选项，便可以方便、快速地对人物进行对焦（焦距：70mm 光圈：F2.8 快门速度：1/320s 感光度：ISO100）

追踪灵敏度

该选项的作用在于，当被摄对象的前方出现障碍对象时，通过此参数的设置使相机"明白"，是忽略障碍对象继续跟踪对焦被摄对象，还是对新被摄体（即障碍对象）进行对焦拍摄。

在此菜单中，可以向左边的"锁定"或右边的"敏感"拖动滑块来改变追踪灵敏度。

当滑块位置偏向于"锁定"时，即使有障碍物遮挡被摄对象，或被摄对象偏移了对焦点，相机仍然会继续保持原来的对焦状态；反之，若滑块位置偏向于"敏感"方向，障碍对象一旦出现，相机的对焦点就会马上由原被摄对象脱开，对焦在新的障碍对象上。

■0：适合大多数被摄对象的默认设置。

■锁定：即使有障碍物进入自动对焦点或被摄对象偏离自动对焦点，相机也会试图连续对焦被摄对象。滑块越向"锁定"一侧偏移，相机追踪目标被摄对象的时间就越长。如果相机对错误的被摄体对焦，也要花费更长时间才能切换并对目标被摄对象对焦。

■敏感：一旦自动对焦点追踪被摄对象，相机将始终对最近的被摄对象对焦。滑块越向"敏感"一侧偏移，相机就能越迅速地对障碍对象对焦，即相机也更容易对错误的被摄体对焦。

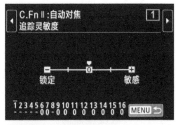

❶ 在**自定义功能菜单**中选择 **C.Fn Ⅱ：自动对焦**选项，点击◀或▶图标选择 **C.Fn Ⅱ：自动对焦（1）追踪灵敏度**选项

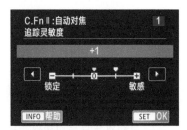

❷ 点击◀或▶图标选择一个选项，然后点击 **SET OK** 图标确定

▲ 运动场上运动员的位置变化极快，此时应该将"追踪灵敏度"滑块向左侧拖动，以避免当其他运动员挡在要拍摄的运动员前面时相机马上脱焦（焦距：300mm　光圈：F4　快门速度：1/800s　感光度：ISO1000）

Q 追踪灵敏度设置是否越敏感越好？

A 一提到"灵敏度"，许多摄影爱好者会想当然地认为，要对快速移动的被摄体进行准确合焦，就应该将其设定为"敏感"。其实这种理解是错误的，因为在此情况下，相机的自动对焦系统会对出现在被摄对象与相机间的"障碍物"做出灵敏的反应，导致焦点立即脱离原被摄体，并对焦到"障碍物"上。因此，如果需要追踪拍摄快速运动的同一被摄体，直接使用初始设定，或者将其设定为"锁定"更有效。

加速或减速追踪

该菜单用于设置当被摄对象突然加速或突然减速时的对焦灵敏度，数值越大，则当被摄对象突然加速或减速时，相机对其进行跟踪对焦的灵敏度就越高。

此参数的默认设置为0，适用于被摄体的移动速度基本不变或变化不大的拍摄情况。

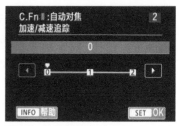

❶ 在**自定义功能菜单**中选择 **C.Fn Ⅱ：自动对焦**选项，点击◀或▶图标选择 **C.Fn Ⅱ：自动对焦（2）加速 / 减速追踪**选项

❷ 点击◀或▶图标选择一个选项，然后点击 SET OK 图标确定

自动对焦点自动切换

"自动对焦点自动切换"菜单用于控制当对焦的对象进行大幅度上、下、左、右运动时，相机对其进行跟踪对焦的灵敏度，数值越大，则跟踪得越紧密，相机会根据被摄对象的运动情况快速地切换自动对焦点，以保持对焦的准确性。

此功能仅在区域、大区域以及45点自动选择自动对焦模式下有效。

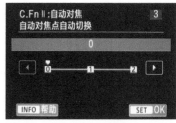

❶ 在**自定义功能菜单**中选择 **C.Fn Ⅱ：自动对焦**选项，点击◀或▶图标选择 **C.Fn Ⅱ：自动对焦（3）自动对焦点自动切换**选项

❷ 点击◀或▶图标选择一个选项，然后点击 SET OK 图标确定

▶ 在拍摄网球运动员时，可以将"自动对焦点自动切换"的灵敏度设置得高一些，以抓拍精彩动作（焦距：200mm 光圈：F3.2 快门速度：1/500s 感光度：ISO200）

与方向链接的自动对焦点

在水平或垂直方向切换拍摄时，常常遇到的一个问题就是，在切换至不同的方向时，会使用不同的自动对焦点。在实际拍摄时，如果每次切换拍摄方向时都重新指定对焦点无疑是非常麻烦的，利用"与方向链接的自动对焦点"功能，可以实现在使用不同的拍摄方向拍摄时相机自动切换对焦点。

■水平/垂直方向相同：选择此选项，无论如何在横拍与竖拍之间进行切换，对焦点都不会发生变化。

■不同的自动对焦点：区域+点：选择此选项，将允许针对3种情况来设置自动对焦区域选择模式及对焦点/区域的位置，即水平、垂直（相机手柄朝上）、垂直（相机手柄朝下）。当改变相机方向时，相机会切换到为该方向设定的自动对焦区域选择模式和手动选择的自动对焦点（或区域）。

■不同的自动对焦点：仅限点：选择此选项，即为水平、垂直（相机手柄朝上）、垂直（相机手柄朝下）分别设定自动对焦点。当改变相机方向时，相机会切换到设定好的自动对焦点。在拍摄期间，即使改为"单点自动对焦"模式，为各方向设定的自动对焦点也会被保留。如果选择"区域自动对焦"或"大区域自动对焦"模式，会按相机方向自动切换区域位置。

● 在**自定义功能菜单**中选择C.Fn Ⅱ：**自动对焦**选项，点击◀或▶图标选择C.Fn Ⅱ：**自动对焦（10）与方向链接的自动对焦点**选项

● 点击选择一个选项，然后点击 SET OK 图标确定

▼ 拍摄人像时，经常改变画幅方向，启用此功能可以省去切换自动对焦点的频率（焦距：85mm 光圈：F28 快门速度：1/100s 感光度：ISO100）

人工智能伺服第一张图像优先

在使用人工智能伺服对焦模式拍摄动态的对象时，为了保证成功率，往往与连拍驱动模式组合使用，此时就可以根据个人的习惯来决定在拍摄第一张图像时，是优先进行对焦，还是优先保证快门释放。

■释放优先：选择此选项，将在拍摄第一张照片时优先释放快门，适用于无论如何都想要抓住瞬间拍摄机会的情况。但可能会出现尚未精确对焦即释放快门，从而导致照片脱焦的问题。

■同等优先：选择此选项，将采用对焦与释放均衡的拍摄策略，以尽可能拍摄到既清晰又能及时记录精彩瞬间的影像。

■对焦优先：选择此选项，相机将优先进行对焦，直至对焦完成后，才会释放快门，因而可以清晰、准确地捕捉到瞬间影像。适用于要么不拍，要拍必须拍清晰的题材。

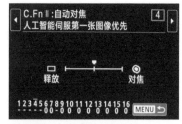

❶ 在**自定义功能菜单**中选择 C.Fn Ⅱ：**自动对焦**选项，点击◀或▶图标选择 C.Fn Ⅱ：**自动对焦（4）人工智能伺服第一张图像优先**选项

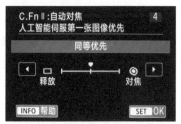

❷ 点击◀或▶图标选择一个选项，然后点击 SET OK 图标确定

▼ 在拍摄这种运动幅度不大的对象时，应选择"对焦优先"选项，以保证拍出清晰的画面（焦距：65mm 光圈：F16 快门速度：1/250s 感光度：ISO125）

人工智能伺服第二张图像优先

此菜单用于设置使用人工智能伺服对焦模式连拍时，针对第二张照片，是以连拍速度优先还是以对焦精度优先为原则进行拍摄。

■**速度优先**：选择此选项，将在拍摄第二张照片时继续保持连拍速度，因此与在"人工智能伺服第一张图像优先"中选择"释放优先"相似，此时仍是牺牲部分对焦精度，而以释放快门优先的原则来保持高速连拍状态。适用于想要以一定时间间隔进行连拍的情况。

■**同等优先**：选择此选项，将采用对焦与连拍释放均衡的拍摄策略，以尽可能拍摄到既清晰又能及时捕捉精彩瞬间的影像。

■**对焦优先**：选择此选项，相机将优先进行对焦，直至对焦完成后才会释放快门，因而可以清晰、准确地捕捉到瞬间的影像。选择此选项的缺点是，可能会由于对焦时间过长而错失精彩的瞬间。

▼ 在拍摄类似于飞车表演这样精彩动作纷呈的题材时，可以将"人工智能伺服第一张图像优先"设置为"释放优先"，将"人工智能伺服第二张图像优先"设置为"对焦优先"，这样在拍摄时虽然第一张照片有可能拍虚，但拍摄第二张照片时，在拍摄第一张图像所采取的对焦、机位的基础上稍加调整，即可获得准确的对焦，从而拍摄出精彩的照片（焦距：78mm 光圈：F2.8 快门速度：1/1500s 感光度：ISO200）

❶ 在**自定义功能菜单**中选择 C.Fn Ⅱ：**自动对焦**选项，点击◀或▶图标选择 C.Fn Ⅱ：**自动对焦（5）人工智能伺服第二张图像优先**选项

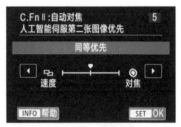

❷ 点击◀或▶图标选择一个选项，然后点击 SET OK 图标确定

对焦位置与景深形成的原理

在摄影中，对焦操作的实质就是决定画面中的哪一部分成为焦平面，因为焦平面上的景物均呈现为合焦状态，所以具体到画面中就是确定照片中哪一部分的成像是最清晰的。

在焦平面的前后，存在着一个景物看上去是合焦（保持清晰状态）的范围，这个范围即被称为景深。这个范围内的景物虽然看上去也是清晰的，但这种清晰是指人眼视觉上可以接受的清晰，与焦平面上的景物相比，这部分景物的清晰是相对的。

焦平面之前的部分称为前景深，之后的部分称为后景深。景深的大小受所用镜头的光圈值等多种因素影响。

景深区域之外的景物在画面中表现为脱焦状态，通俗地说就是被虚化了。而虚化的强弱和形状则受所使用的光圈大小、合焦位置与背景之间的距离、相机与合焦位置之间的距离等因素的影响。

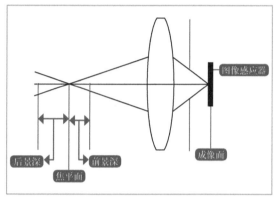

▲ 景深小

▲ 景深大

利用前景深增加画面的美感

如前所述，以焦平面为界，景深可以分为前景深和后景深。前景深通常较小，即焦点前方景物的虚化更为强烈（由于这部分景物距离相机更近），而后景深则较大。

了解了前景深的这一特点后，当焦点位置前后均有其他被摄对象时，就可以有意识地在前景中安排景物，其被虚化后可将焦点位置的对象衬托得更加突出。例如，在拍摄花朵时，可以用被虚化的枝叶作为前景，从而使画面显得更加朦胧、柔美。

同样，在拍摄人像时，可以通过在前景处放置轻纱、花束并使其呈现为虚化效果，以增加画面的美感。

此外，在前景处安排颜色较浅的被摄体，可将画面渲染得更轻快。

▲ 使用长焦镜头与大光圈的组合，将前景中的花朵虚化，形成框式构图突出主体鸟儿，同时也营造出了一种唯美的意境（焦距：300mm 光圈：F4 快门速度：1/400s 感光度：ISO1600）

焦距：18mm 光圈：F16 快门速度：1/2s 感光度：ISO100

Chapter <u>08</u>
掌握实时显示与动画设定

光学取景器拍摄与实时取景显示拍摄原理

数 码单反相机的拍摄方式有两种，一种方式是使用光学取景器拍摄的传统方法，另一种方式是使用实时取景显示模式进行拍摄。实时取景显示拍摄最大的变化是将液晶监视器作为取景器，而且还使实时面部优先自动对焦和通过手动进行精确对焦成为可能。

光学取景器拍摄原理

光学取景器拍摄是指摄影师通过数码相机上方的光学取景器观察景物进行拍照的过程。

光学取景器拍摄的工作原理是：光线通过镜头照射到机身内部的反光镜上，然后反光镜把光线反射到五面镜上。拍摄者通过五面镜上反射回来的光线就可以直接查看被摄对象了。因为采用这种方式拍摄时，人眼看到的景物和相机看到的景物基本是一致的，所以误差较小。

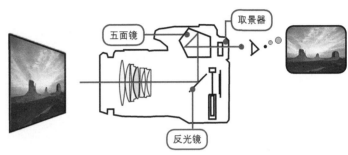

▲ 光学取景器拍摄原理示意图

实时取景显示拍摄原理

实时取景显示拍摄是指拍摄者通过数码相机上的液晶监视器观察景物进行拍摄的过程。

其工作原理是：当位于镜头和图像感应器之间的反光镜处于抬起状态时，光线通过镜头后，直接射向图像感应器，图像感应器把捕捉到的光线作为图像数据传送至液晶监视器，并且在液晶监视器上进行显示。在这种显示模式下，拍摄者对各种设置进行调整和模拟曝光将更为方便。

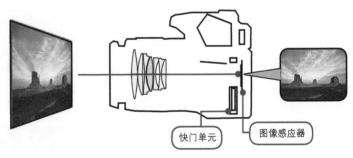

▲ 实时取景显示拍摄原理示意图

实时取景显示模式的特点

能够使用更大的屏幕进行观察

实时取景显示拍摄能够直接将液晶监视器作为取景器使用，由于液晶监视器的尺寸比光学取景器要大很多，所以能够显示视野率100%的清晰图像，从而更加方便地观察被摄景物的细节。拍摄时摄影师也不用再将眼睛紧贴着相机，构图也变得更加方便。

易于精确合焦以保证照片更清晰

由于实时取景显示拍摄可以将对焦点位置的图像放大，所以拍摄者在拍摄前就可以确定照片的对焦点是否准确，从而保证拍摄后的照片更加清晰。

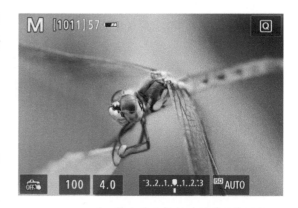

▶ 利用实时取景显示模式在拍摄时能够放大对焦点的特点，将花朵的细节清晰地呈现出来

具有实时面部优先拍摄模式的功能

实时取景显示拍摄具有实时面部优先拍摄模式的功能，当使用此模式拍摄时，相机能够自动检测画面中人物的面部，并且对人物的面部进行对焦。对焦时会显示对焦框，如果画面中的人物不止一个，就会出现多个对焦框，可以在这些对焦框中任意选择希望合焦的面部。

▶ 使用实时面部优先模式，能够轻松地拍摄人像

能够对拍摄图像进行曝光模拟

使用实时取景显示模式拍摄时，通过液晶监视器查看被摄景物的同时，液晶监视器上的画面会根据相机设定的参数自动调节明暗和色彩。例如，可以通过设置不同的白平衡模式并观察画面色彩的变化，以从中选出最合适的白平衡模式选项。

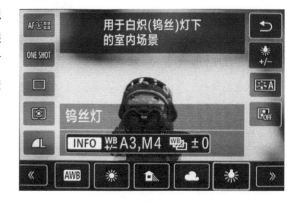

▶ 在进行白平衡调节时，液晶监视器上的照片颜色会随之发生变化

实时取景显示模式典型应用案例

微距花卉摄影

对于微距摄影而言，清晰是评判照片是否成功的标准之一，微距花卉摄影也不例外。由于微距照片的景深都很浅，所以，在进行微距花卉摄影时，对焦是影响照片成功与否的关键因素。

为了保证焦点清晰，比较稳妥的对焦方法是把焦点位置的图像放大后，调整最终的合焦位置，然后释放快门。这种把焦点位置图像放大的方法，在使用实时取景显示模式拍摄时可以很轻易地实现。

在实时取景显示模式下，按下放大/缩小按钮🔍进行放大；或直接点击屏幕上的🔍图标放大图像。每次按下放大按钮，框内图像的放大倍率会依次以 1 倍→ 5 倍→ 10 倍的规律变化。

▲ 使用实时取景显示模式拍摄时液晶监视器的显示状态，点击屏幕上的🔍图标放大图像

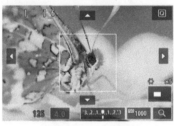

▲ 按下放大/缩小按钮🔍，以 5 倍的显示倍率显示当前拍摄对象时液晶监视器的显示状态

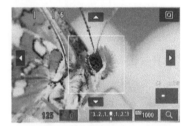

▲ 再次按下放大/缩小按钮🔍后，以 10 倍的显示倍率显示当前拍摄对象时液晶监视器的显示状态

商品摄影

商品摄影对图片质量的要求都非常高。一幅照片中焦点的位置、清晰的范围及画面的明暗都应该是摄影师认真考虑的，这些都需要经过耐心调试和准确控制来获得。使用实时取景显示模式拍摄时，拍摄前就可以预览拍摄完成后的结果，所以可以更好地控制照片的细节。

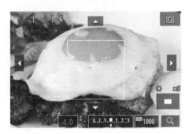
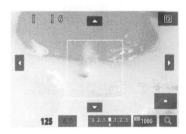

▲ 使用实时取景显示模式拍摄瓶子时，放大对焦点可对画面的细节进行更好的控制，更容易获得高品质的照片

人像摄影

拍出有神韵人像的秘诀是对焦于人物的眼睛，保证眼睛的位置在画面中是最清晰的。使用光学取景器拍摄时，由于对焦点较小，如果拍摄的是全景人像，可能会由于模特的眼睛在画面中所占的比例较小，而造成对焦点偏移，最终导致画面中最清晰的位置不是眼睛，而是眉毛或眼袋等位置。

如果使用实时取景显示模式拍摄，则出错的概率要小许多，因为在拍摄时可以通过放大画面仔细观察对焦位置是否正确。

▼ 利用实时取景显示模式拍摄，可以将人物的眼睛拍摄得非常清晰（焦距：135mm 光圈：F2.8 快门速度：1/200s 感光度：ISO100）

▲ 在拍摄人像时，人物的眼睛一般都会成为焦点，使用对焦放大功能可以确保焦点位置的画面足够清晰

开启实时取景显示模式

通过机身按钮启用实时显示拍摄功能

在 Canon EOS 6D Mark
Ⅱ相机中，如果想开
启实时显示拍摄功能，先将实时
显示拍摄/短片拍摄开关转至 ◻
位置，然后按下 ⸜⸜ 按钮，实时显
示图像将会出现在液晶监视器上，
此时即可进行实时显示拍摄了。

认识实时取景显示拍摄参数

在实时取景显示拍摄模式下，
按下INFO.按钮，将在屏幕中显示
可以设置或查看的参数。连续按
下INFO.按钮，可以在不同的信息
显示内容之间进行切换。

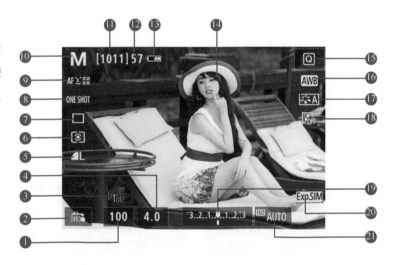

❶ ISO感光度	❽ 自动对焦模式	⑮ 速控按钮
❷ 触摸快门	❾ 自动对焦区域模式	⑯ 白平衡
❸ Wi-Fi功能	❿ 拍摄模式	⑰ 照片风格
❹ 光圈	⑪ 可拍摄数量/自拍剩余秒数	⑱ 自动亮度优化
❺ 图像记录画质	⑫ 最大连拍数量	⑲ 曝光量指示标尺
❻ 测光模式	⑬ 电池电量	⑳ 曝光模拟
❼ 驱动模式	⑭ 自动对焦点	㉑ ISO感光度

设置实时取景显示拍摄参数

网格线显示

在 实时取景显示模式下可以显示网格线，以便于摄影师在拍摄时进行构图。

利用"显示网格线"菜单，可以改变网格线的显示模式，在这里可以设置"3×3 ⊞""6×4 ⊞"或"关"选项。

■**关**：选择此选项，将不显示网格线。

■**3×3⊞**：选择此选项，将显示3×3的网格线。

■**6×4⊞**：选择此选项，将显示6×4的网格线。

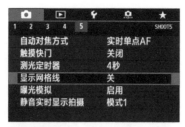

❶ 在**拍摄菜单5**中选择**显示网格线**选项

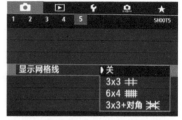

❷ 点击选择是否显示网格线，以及显示的网格线样式

■**3×3+对角⊠**：选择此选项，在显示3×3网格线的同时，还会显示两条对角网格线。

> **高手点拨**
>
> 无论是拍摄照片还是拍摄视频，显示网格线都有助于取景构图，因此建议将其显示出来。

触摸快门

Canon EOS 6D Mark Ⅱ提供的触摸式液晶监视器，不仅能够用于设置菜单及采用实时显示模式拍摄，还能够提供快门按钮的功能，摄影师只要点击液晶监视器即可进行对焦和拍摄。

❶ 在**拍摄菜单5**中选择**触摸快门**选项

❷ 点击选择**关闭**或**启用**选项

▲ 屏幕左下角为触摸快门图标

■**启用**：选择此选项，则液晶监视器的左侧会显示🔲，此时可以通过点击屏幕进行对焦和拍摄。

■**关闭**：选择此选项，则液晶监视器的左侧会显示🔲，此时可以在屏幕上点击想要对焦的位置，然后完全按下快门按钮进行拍摄。

在使用触摸快门拍摄时，当合焦时自动对焦点变为绿色并自动拍摄照片；如果没有合焦，自动对焦点变为橙色，且不会拍摄照片。

如果要使用B门进行长时间曝光拍摄，需要点击屏幕两次，第一次点击屏幕将开始曝光，再次点击将停止曝光。但需要注意的是，点击屏幕时会使相机发生轻微的抖动，因此在使用B门进行长时间曝光或对画面的画质要求较高时，不建议启用此选项。

曝光模拟

该 菜单用于显示和模拟实际图像看起来的亮度（曝光）。

■启用：选择此选项，显示的图像亮度将接近于最终图像的实际亮度（曝光）。

❶ 在**拍摄菜单 5** 中选择**曝光模拟**选项

❷ 点击选择所需选项

■期间：选择此选项，当按下景深预览按钮时，则进行曝光模拟。

■关闭：选择此选项，液晶监视器的亮度将不会因参数设置而改变。

自动对焦方式

在此菜单中可以选择使用实时显示拍摄模式时最适合拍摄环境或者拍摄主体的自动对焦模式。

除了可以使用菜单设置自动对焦模式外，还可以在实时取景状态下还可以在实时取景状态下按下⊡按钮，点击选择自动对焦方式图标，然后在屏幕下方显示的自动对焦模式选项条中点击选择所需要的选项。

■＋追踪：选择此选项，可以让相机优先对被摄人物脸部进行对焦，但需要让被摄对象面对相机，即使在拍摄过程中人的面部发生了移动，自动对焦点也会移动以追踪其面部。当相机检测到人的面部时，会在要对焦的脸上出现自动对焦点。如果检测到多个人的面

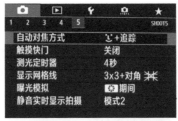

❶ 在**拍摄菜单 5** 中选择**自动对焦方式**选项

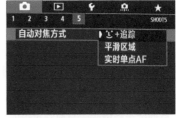

❷ 点击选择一种对焦模式

部，将显示 ，使用多功能控制钮 可将 框移动到所需的目标面部上。还可以通过点击液晶监视器屏幕的方法来选择人的面部或被摄体，如果被摄体不是面部，会显示 。

■平滑区域自动对焦AF( )：选择此选项，在此模式下，摄影师可以先在液晶显示屏上选择想要对焦的区域位置，对焦区域内包含数个对焦点，在拍摄时，相机自动在所选对焦区范围内选择合焦的对焦框。此模式适合在"实时单点自动对焦"和" ＋追踪"模式都难以对焦成功时使用。

■实时单点自动对焦 AF □：选择此选项，液晶监视器上只显示1个自动对焦点，可以通过在液晶监视器上点击不同的位置，使该自动对焦点移至此处，当自动对焦点对准被摄体时半按快门即可。如果自动对焦点变为绿色并发出提示音，表明合焦正确；如果没有合焦，自动对焦点将会以橙色显示。

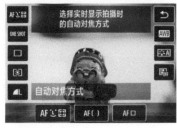

▲ 选择AF 图标（ ＋追踪）模式 的状态

▲ 选择AF( )图标（平滑区域自动对焦）模式的状态

▲ 选择AF □图标（实时单点自动对焦）模式的状态

使用 Canon EOS 6D Mark Ⅱ 拍摄高清视频

拍摄短片的基本设备

存储卡

短片拍摄占据的存储空间比较大，尤其是拍摄全高清短片时，更需要大容量、高存储速度的存储卡，按照佳能公司的提示，使用 Canon EOS 6D Mark Ⅱ 录制 MP4 格式的视频，需要使用 UHS Speed Class 4 或以上的存储卡，录制 4k 延时短片，需要使用 UHS-I 90MB/s 或更快的存储卡，才能够进行正常的短片拍摄及回放。

镜头

与拍摄照片一样，拍摄短片时也可以更换镜头，佳能 EF 系列的所有镜头均可用于短片拍摄，甚至更早期的手动镜头，只要它可以安装在 Canon EOS 6D Mark Ⅱ 相机上，就可以大显身手。

脚架

与专业的摄像设备相比，使用数码单反相机拍摄短片时最容易出现的一个问题，就是在手动变焦的时候容易引起画面的抖动，因此，一个坚固的三脚架是保证画面平稳不可或缺的器材。如果执着于使用相机拍摄短片，那么甚至可以购置一个质量好的视频控制架。

麦克风

如果录制的视频属于普通记录性质，可以使用相机内置的麦克风。但如果希望收录噪声更小、音质更好的声音，需要使用专业的外接麦克风。

拍摄短片的基本流程

使用 Canon EOS 6D Mark Ⅱ 拍摄短片的操作比较简单，但其中的一些细节仍值得注意，下面将列出一个短片拍摄的基本流程。

❶ 如果希望手动控制短片的曝光量，将拍摄模式切换为M挡，否则将拍摄模式设置为除M挡之外的其他拍摄模式，以便于相机自动对拍摄场景进行曝光控制。

❷ 在相机背面的右上方将"实时显示拍摄/短片拍摄"开关转至短片拍摄位置。

❸ 在拍摄短片前，可以通过自动或手动的方式先对主体进行对焦。

❹ 按下 START/STOP 按钮，即可开始录制短片。

❺ 录制完成后，再次按下 START/STOP 按钮。

▲ 将"实时显示拍摄 / 短片拍摄"开关置于 位置

▲ 在拍摄前可以先进行对焦

▲ 录制短片时，会在右上角显示一个红色的圆

设置短片拍摄相关参数

视频制式

如果要将 Canon EOS 6D Mark II 所拍摄的照片或短片放到电视上播放，就会涉及视频制式问题。

在"视频制式"菜单中，可选择"NTSC"或"PAL"两种视频制式，其中美国、日本等采用"NTSC"制式，而英国、德国以及中国则采用"PAL"制式。

❶ 在**设置菜单 3** 中选择**视频制式**选项

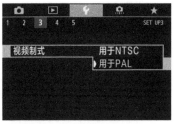
❷ 点击选择不同的视频制式选项

遥控拍摄

当在"遥控"菜单中选择了"启用"选项时，摄影师可以使用 RC-6 遥控器来开始或停止短片拍摄。

当启用此功能后，相机的液晶显示屏上将显示图标，将释放模式开关设定为"2"，然后按下遥控器上传输按钮。如果此开关设定为"●"（立即拍摄），将应用按钮功能设置。

❶ 在**拍摄菜单 5** 中选择**遥控**选项

❷ 点击选择**启用**或**关闭**选项

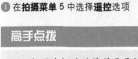

高手点拨

　　与短片相关的菜单需要切换至短片拍摄模式时才会显示出来，其中还包括一些与实时显示拍摄时相同的设置，在后面的讲解中将不再重述。

快门按钮的功能

在此菜单中，可以根据个人的拍摄习惯，选择在短片拍摄期间，半按和全按快门按钮所执行的功能。

■ AF/－：选择此选项，半按快门将进行测光和自动对焦，完全按下快门无效。

■ /－：选择此选项，半按快门进行测光，完全按下快门无效。

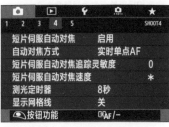
❶ 在**拍摄菜单 4** 中选择**按钮功能**选项

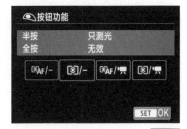
❷ 点击选择所需的选项，然后点击 SET OK 图标确定

■ AF/：选择此选项，半按快门将进行测光和自动对焦，完全按下快门则开始/停止短片拍摄。

■ /：选择此选项，半按快门将进行测光，完全按下快门则开始/停止短片拍摄。

短片伺服自动对焦

在拍摄视频短片时，可以利用"短片伺服自动对焦"菜单来控制相机的对焦性能。

■启用：选择此选项，即使没有半按快门按钮，相机也会继续对被摄体对焦，并同时拍摄短片，但此时相机可能会记录镜头进行对焦操作时发出的噪声。为了避免记录镜头操作的噪声，可以使用市售的外接麦克风。

■关闭：选择此选项，则只在半按快门按钮或按下AF-ON按钮时才可以对焦。

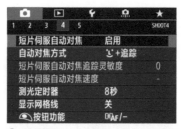

❶ 在**拍摄菜单 4** 中选择**短片伺服自动对焦**选项

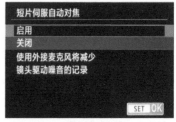

❷ 点击选择**启用**或**关闭**选项，然后点击 SET OK 图标确定

高手点拨

如果想在短片拍摄之前或期间让对焦点保持在某一位置，或避免记录镜头操作的噪声，可以通过执行下列操作之一暂时停止短片伺服自动对焦：

■点击屏幕左下方的 图标。

■如果在"自定义功能菜单"的"自定义控制按钮"菜单中，给SET按钮指定了"暂停短片伺服自动对焦"功能，则可以按SET该按钮暂停短片伺服自动对焦；当再次按下SET按钮时，短片伺服自动对焦将恢复。

■如果在"自定义控制按钮"菜单中，将"停止自动对焦"功能分配给了一个按钮，则按住该按钮期间可以暂停短片伺服自动对焦。当释放该按钮时，短片伺服自动对焦将恢复。

录音

在"录音"菜单中可以设置是否在拍摄视频的同时进行录音。Canon EOS 6D Mark Ⅱ内置的麦克风仅支持单声道录制，但它提供了一个外接麦克风端口，可以将带有立体声微型插头（直径为3.5mm）的麦克风连接至相机，从而可以录制立体声短片。

■录音：选择"自动"选项，相机将会自动调节录音音量；选择"手动"选项，可将录音音量的电平调节为64个等级之一，适用于高级用户；选择"关闭"选项，将不会记录声音。

❶ 在**拍摄菜单 1** 中选择**录音**选项

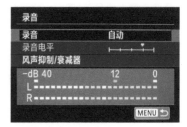

❷ 点击选择不同的选项，然后在修改参数界面中，点击选择所需的设置

■录音电平：选择"录音电平"并在按下◄或►方向键调节录音电平的同时注视电平计，一边注视峰值指示（约3秒）一边进行调节，以使电平计某些时候点亮右侧表示最大量的"12"（-12 dB）标记。如果电平计超过"0"标记，声音将会失真。

■风声抑制/衰减器：选择"启用"选项，则可以减弱通过外接麦克风进入的室外风声噪音，包括某些低音调噪声；在无风的场所进行录制时，建议选择"关闭"选项，以便能录制更加自然的声音。

短片记录尺寸

Canon EOS 6D Mark Ⅱ在录制视频时，是以 MP4 格式进行保存，用户可以根据需要选择视频尺寸、帧频及压缩方法，当然，这些参数并不是单独设置的，而是集成为多个选项，供用户选择。

■视频尺寸：▥图标表示全高清（Full HD），记录尺寸为1920×1080。▥图标表示高清（HD），记录尺寸为1280×720。这两种尺寸的长宽比都是16：9。

■帧频：Canon EOS 6D Mark Ⅱ 根据所选视频制式的不同，提供有59.94P、29.97P、50.00P、25.00P 和23.98P五种帧频，即分别以59.94帧/秒、29.97帧/秒、50帧/秒、25帧/秒或23.98帧/秒的频率记录短片。

■压缩方法：Canon EOS 6D Mark Ⅱ 主要包括IPB（标准）和IPB（轻）两种压缩方法。IPB（标准）可以高效压缩多个帧，从而平衡画质和短片大小，而IPB（轻）则采用更低的比特率进行记录，因此短片更小，但画质也相对更差一些。在"短片记录尺寸"界面中，采用IPB（轻）压缩方法的选项，会带有▦图标，而没有▦图标的，就表示使用了IPB（标准）压缩方法。

Canon EOS 6D Mark Ⅱ支持的短片记录画质见下表。

❶ 在**拍摄菜单** 1 中选择**短片记录尺寸**选项

❷ 点击选择所需的短片记录尺寸选项，然后点击 SET OK 图标确定

普通短片				
短片记录画质		**存储卡可记录的总时间**		**文件尺寸**
		8GB	32GB	128GB
▥FHD：Full HD短片				
59.94P 50.00P	IPB	17分钟	70分钟	283分钟	431MB分钟
29.97P 25.00P 23.98P		35分钟	140分钟	563分钟	216MB/分钟
HDR短片		35分钟	140分钟	563分钟	216MB/分钟
29.97P 25.00P	IPB ▦	86分钟	347分钟	1391分钟	87MB/分钟
▥HD：HD短片				
59.94P 50.00P	IPB	40分钟	162分钟	649分钟	184MB/分钟
29.97P 25.00P	IPB ▦	250分钟	1001分钟	4004分钟	30MB/分钟

延时短片				
短片记录画质		**存储卡可记录的总时间**		**文件尺寸**
		8GB	32GB	128GB
▥4K：4K延时短片				
29.97P 25.00P	MJPG	2分钟	8分钟	34分钟	3576MB分钟
▥FHD：Full HD延时短片				
29.97P 25.00P	ALL-I	11分钟	47分钟	189分钟	643MB/分钟

延时短片

Canon EOS 6D Mark Ⅱ 具有拍摄延时短片功能，摄影师在"延时短片"菜单中设定好拍摄间隔和张数，相机会每隔一定的时间拍摄一张照片，最终形成一个完整的照片序列，当拍摄完成所设置张数的照片后，相机自动生成为视频文件，能够呈现出电视上经常看到的花朵开放、城市变迁、风起云涌的效果。

■延时：选择"关闭"选项，则关闭延时短片功能；选择"启用 4K（3840×2160）"选项，则以4K画质拍摄延时短片；选择"启用 FHD（1920×1080）"选项，则以全高清画质拍摄延时短片。

■间隔：可在"00：00：01"至"99：59：59"之间设定间隔时间。

■张数：可在"0002"至"3600"张之间设定。如果设定为3600，NTSC模式下生成的延时短片将约为2分钟，PAL模式下生成的延时短片将约为2分24秒。

■自动曝光：选择"固定第一帧"选项，则拍摄第一张照片时，会进行测光以自动设定合适的曝光参数，而此曝光参数会应用到后面的拍摄照片中。选择"每一帧"选项，则每拍摄一张照片都会测光以给出合适的曝光参数。

■液晶屏自动关闭：选择

❶ 在**拍摄菜单 5** 中选择**延时短片**选项

❷ 点击选择**延时**选项

❸ 点击选择是录制4K延时短片还是全高清延时短片，然后点击 SET OK 图标确定

❹ 如果在步骤❷中选择了**间隔**选项，点击选择间隔的数字框，然后点击 ▲ 或 ▼ 图标选择所需的间隔时间。设置完成后，点击选择**确定**选项

❺ 如果在步骤❷中选择了**张数**选项，点击选择张数的数字框，然后点击 ▲ 或 ▼ 图标选择所需的张数。设置完成后，点击选择**确定**选项

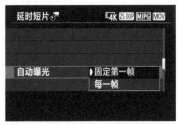
❻ 如果在步骤❷中选择了**自动曝光**选项，点击选择**固定第一帧**或**每一帧**选择

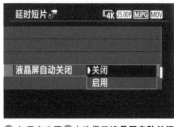
❼ 如果在步骤❷中选择了**液晶屏自动关闭**选项，点击选择**启用**或**关闭**选择

❽ 如果在步骤❷中选择了**拍摄图像的提示音**选项，点击选择**启用**或**关闭**选项

"启用"选项，则在开始拍摄大约10s后液晶监视器关闭。选择"关闭"选项，除了仅在拍摄时关闭，在延时拍摄期间，也会显示图像，直到开始拍摄大约30分钟后才会关闭液晶监视器。

■拍摄图像的提示音：选择"启用"选项，则每拍摄一张照片相机都会发出提示音。选择"关闭"选项，则在拍摄照片时相机不会发出提示音。

焦距：400mm 光圈：F6.3 快门速度：1/1600s 感光度：ISO500

Chapter 09

掌握拍摄时的相机操作设定

针对不同的题材设置不同的驱动模式

针对不同的拍摄任务，需要将快门设置为不同的驱动模式。例如，要抓拍高速运动的物体，为了保证成功率，通过设置可以使摄影师按下一次快门后，能够连续拍摄多张照片。

Canon EOS 6D Mark Ⅱ提供了单拍□、高速连拍▯H、低速连拍▯、静音单拍□S、静音连拍▯S、10秒自拍／遥控▯⊙、2秒自拍／遥控▯⊙2等驱动模式，下面分别讲解它们的使用方法。

实拍操作：按住 DRIVE 按钮，然后转动主拨盘可选择不同的驱动模式。📷

单拍模式及静音单拍

在单拍模式下，每次按下快门时，都只拍摄一张照片。单拍模式适用于拍摄静态的对象，如风光、建筑、静物等题材。

静音单拍模式在拍摄时发出的声音比单拍模式小。

▼ 单拍驱动模式适合拍摄的题材十分广泛

连拍模式

在连拍模式下，每次按下快门时将连续拍摄多张照片。Canon EOS 6D Mark Ⅱ提供了3种连拍模式，高速连拍模式（🖵H）的最高连拍速度能够达到约6.5张/秒；低速连拍模式（🖵）的最高连拍速度能达到约3张/秒；静音连拍模式（🖵S）的拍摄声音比高速连拍、低速连拍模式小，其连拍速度为3张/秒。

连拍模式适用于拍摄运动的对象，当将被摄对象的连续动作全部抓拍下来以后，可以从中挑出满意的照片。

▲ 使用连拍驱动模式抓拍两只猫嬉戏打闹的精彩画面

Q 什么情况下连拍速度会变慢？

A 当剩余电量较低时，连拍速度会下降；在人工智能伺服自动对焦模式下，因主体和使用的镜头不同，连拍速度可能会下降；当选择了"高ISO感光度降噪功能"或在弱光环境下拍摄时，即使设置了较高的快门速度，连拍速度也可能会变慢。

Q 为什么相机能够连续拍摄？

A 因为Canon EOS 6D Mark Ⅱ有临时存储照片的内存缓冲区，因而在记录照片到存储卡的过程中可继续拍摄，受内存缓冲区大小的限制，最多可持续拍摄照片的数量是有限的。

Q 连拍时快门为什么会停止释放？

A 在最大连拍数量少于正常值时，如果相机在中途停止连拍，可能是"高ISO感光度降噪功能"被设置为"强"导致的，此时应该选择"标准""弱"或"关闭"选项。因为当启用"高ISO感光度降噪功能"时，相机将花费更多的时间进行降噪处理，因此将数据转存到存储空间的耗时会更长，相机在连拍时更容易被中断。

自拍模式

Canon EOS 6D Mark Ⅱ提供了 3 种自拍模式，可满足不同的拍摄需求。

■10 秒自拍 / 遥控 ⒑：选择此驱动模式，可以在 10 秒后进行自动拍摄，此驱动模式支持与遥控器搭配使用。

■ 2 秒自拍 ⒉：选择此驱动模式，按下快门按钮可以在两秒后进行自动拍摄。

值得一提的是，所谓的自拍驱动模式并非只能用于给自己拍照，也可以拍摄其他题材。例如，在需要使用较低的快门速度拍摄时，可以将相机置于一个稳定的位置，并进行变焦、构图、对焦等操作，然后通过设置自拍驱动模式的方式，避免手按快门产生震动，进而拍出满意的照片。

▼ "2 秒自拍"适用于弱光摄影，这是由于在弱光下即使使用三脚架保持相机稳定，也会因为手按快门导致相机轻微抖动而影响画面质量，因此非常适合在弱光下拍摄风景（焦距：18mm　光圈：F22　快门速度：4s　感光度：ISO200）

▲ "10 秒自拍"适合双人或多人自拍，10 秒的时间足够摄影者跑到预定的地点等待相机自动按下快门（焦距：24mm　光圈：F13　快门速度：1/100s　感光度：ISO100）

使用反光镜预升功能使照片更清晰

当使用长焦镜头拍摄远处的物体或者进行微距摄影时，启用"反光镜预升"功能可以减轻机震对成像质量的影响。

开启"反光镜预升"功能后，第一次按下快门时反光镜将被升起，当第二次按下快门时即可拍摄照片，拍摄后反光镜则回到原处。如果不将反光镜预先升起，在按下快门后，反光镜升起的震动将会使照片出现轻微的模糊。在反光镜升起30秒钟后，若没有进行任何操作，则反光镜将自动落回原位。再次完全按下快门按钮，反光镜会再次升起。

- 关闭：选择此选项，反光镜不会预先升起。
- 启用：选择此选项，反光镜会预先升起，可以有效地避免相机震动而引起的图像模糊。

❶ 在**拍摄菜单4**中选择**反光镜预升**选项

❷ 点击选择**启用**或**关闭**选项，然后点击 SET OK 图标确定

高手点拨

"反光镜预升"功能会影响拍摄速度，所以通常情况下建议将其设置为"关闭"，需要时再设置为"启用"。另外，当反光镜被升起后，构图、焦点位置及曝光参数均不能在取景器中进行确认，因此要事先设置好。

▼ 在拍摄对细节要求非常高的微距照片时，使用"反光镜预升"功能可以降低糊片的概率（焦距：100mm 光圈：F2.8 快门速度：1/2s 感光度：ISO200）

设置"提示音"确认合焦

在拍摄比较细小的物体时,是否正确合焦不容易从屏幕上分辨出来,这时可以开启"提示音"功能,以便在确认相机合焦时迅速按下快门,从而得到清晰的画面。除此之外,提示音在自拍时会用于自拍倒计时提示。

■启用:选择此选项,开启提示音后,在合焦和自拍时,相机会发出提示音。

■触摸✕:选择此选项,只在使用触摸屏操作期间关闭提示音。

■关闭:选择此选项,在合焦或自拍时,相机不会发出提示音。

❶ 在**设置菜单 4** 中选择**提示音**选项

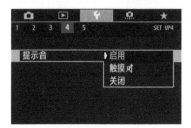

❷ 点击选择**启用、触摸**✕、**关闭**中的一个选项

高手点拨

如果可能的话,在拍摄比较细小的物体时,最好使用实时取景显示模式,通过在液晶监视器上放大被摄对象来确保准确合焦。

▼ 通过"提示音"功能确认合焦与否的方法非常实用,在自拍或合影时,被摄者可以根据提示音判断按下快门的时间,同时准备好表情,这样可以有效地避免出现"闭眼睛"的现象

焦距:24mm 光圈:F13 快门速度:1/50s 感光度:ISO100

焦距:24mm 光圈:F13 快门速度:1/100s 感光度:ISO100

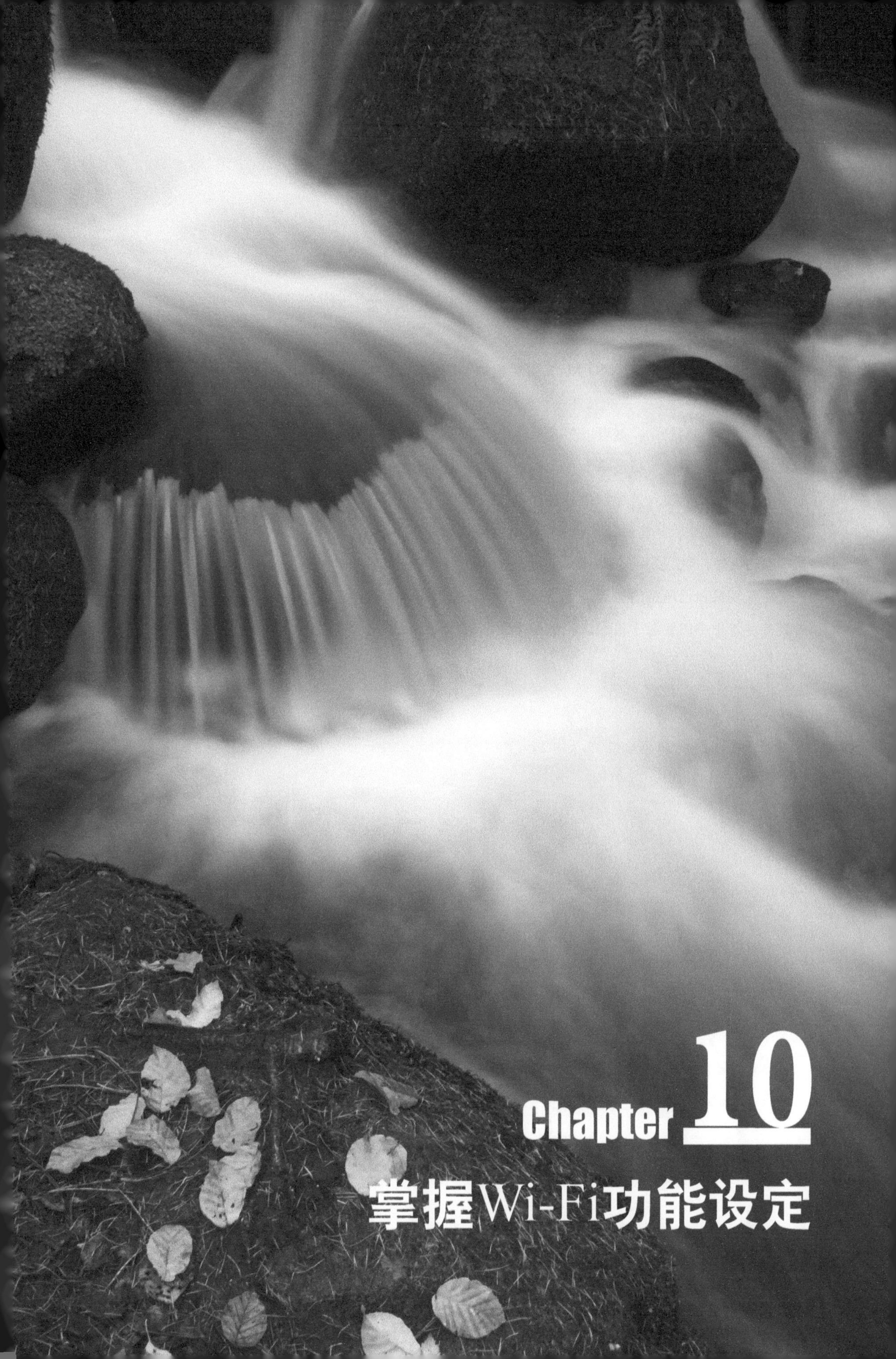

Chapter 10

掌握Wi-Fi功能设定

使用Wi-Fi功能拍摄的三大优势

自拍时摆造型更自由

使用手机自拍时，虽然操作方便、快捷，但效果差强人意。而使用数码卡片相机自拍时，虽然效果很好，但操作起来却很麻烦。通常在拍摄前要选好替代物，以便于相机锁定焦点。在自拍时还要准确地站立在替代物的位置，否则有可能导致焦点不实，更不用说还存在能否捕捉到最灿烂笑容的问题。

但如果使用 Canon EOS 6D Mark II 相机的 Wi-Fi 功能，则可以很好地解决这一问题。只要将智能手机注册到 Canon EOS 6D Mark II 相机的 Wi-Fi 网络中，就可以将相机液晶显示屏中显示的影像，以直播的形式显示到手机屏幕上。这样在自拍时就能够很轻松地确认自己有没有站对位置、脸部是否是最漂亮的角度、笑容够不够灿烂等，通过手机进行检查后，就可以直接用手机控制快门进行拍摄。

在拍摄时，首先要用三脚架固定相机；然后再找到合适的背景，通过手机观察自己所站的位置是否合适，自由地摆出个人喜好的造型，并通过手中的智能手机确认姿势和构图；最后在远处通过手机控制释放快门完成拍摄。

▼ 使用 Wi-Fi 功能拍摄人像，可以在较远的距离进行自拍，不用担心自拍延时时间不够用，又省去了来回奔跑看照片的麻烦，最方便的是可以有更充足的时间摆好姿势（焦距：135mm 光圈：F2.8   快门速度：1/800s   感光度：ISO100）

在更舒适的环境中遥控拍摄

在野外拍摄星轨的摄友，大都体验过刺骨的寒风和蚊虫的叮咬。这是由于拍摄星轨通常都需要长时间曝光，而且为了避免受到城市灯光的影响，拍摄地点通常选择在空旷的野外。因此，虽然拍摄的成果令人激动，但拍摄的过程的确是一种煎熬。

利用 Canon EOS 6D Mark Ⅱ 相机的 Wi-Fi 功能可以很好地解决这一问题。只要将智能手机注册到 Canon EOS 6D Mark Ⅱ 相机的 Wi-Fi 网络中，就可以在遮风避雨的拍摄场所，如汽车内、帐篷中，通过智能手机进行拍摄。

这一功能对于喜好天文和野生动物摄影的摄友而言，绝对值得尝试。

以特别的角度轻松拍摄

虽然 Canon EOS 6D Mark Ⅱ 的液晶监视器是翻转屏幕，但如果以较低的角度拍摄，仍然不是很方便，利用 Canon EOS 6D Mark Ⅱ 的 Wi-Fi 功能可以很好地解决这一问题。

当需要以非常低的角度拍摄时，可以在拍摄位置固定好相机，然后通过智能手机的实时显示画面查看图像并释放快门。即使在拍摄时需要将相机贴近地面进行拍摄，拍摄者也只需站在相机的旁边，通过手机控制就能够轻松、舒适地抓准时机进行拍摄。

除了采用非常低的角度外，当以一个非常高的角度进行拍摄时，也可以使用这种方法进行拍摄。

▲ 使用 Wi-Fi 功能可以以更低的视角拍摄，在拍摄花卉时可以实现离机拍摄，比使用翻转屏还好用，特别是可避免蹲下去拍摄的烦恼（焦距：17mm 光圈：F8 快门速度：1/200s 感光度：ISO100）

通过智能手机遥控Canon EOS 6D Mark Ⅱ的操作步骤

在智能手机上安装Camera Connect

使用智能手机遥控 Canon EOS 6D Mark Ⅱ 相机时，需要在智能手机中安装 Camera Connect 程序。Camera Connect 可在 Canon EOS 6D Mark Ⅱ 相机与智能设备之间建立双向无线连接。可将使用相机所拍的照片下载至智能设备，也可以在智能设备上显示照相机镜头视野从而遥控照相机。

如果使用的是苹果手机，可从 AppStore 下载安装 Camera Connect 的 iOS 版本；如果所使用手机的操作系统是安卓系统，则可以从豌豆荚、91 手机助手等 APP 下载网站下载 Camera Connect 的安卓版本。

▲ Camera Connect 程序图标

在相机上进行相关设置

如果要将智能手机与 Canon EOS 6D Mark Ⅱ 的 Wi-Fi 连接起来，需要先在相机菜单中对 Wi-Fi 功能进行一定的设置，具体操作流程如下：

首先是在相机中开启 Wi-Fi 功能。当开启 Wi-Fi 功能后，需要为 Canon EOS 6D Mark Ⅱ 的 Wi-Fi 网络注册一个昵称，以便于在智能手机搜索无线网络后，在显示的无线网络列表中，能够凭借此昵称方便地找到 Canon EOS 6D Mark Ⅱ 的 Wi-Fi 网络。

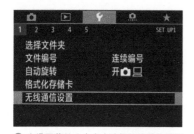

❶ 在**设置菜单 1** 中点击选择**无线通信设置**选项

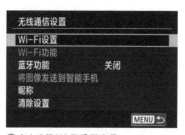

❷ 点击选择 Wi-Fi **设置**选项

❸ 点击选择 Wi-Fi 选项

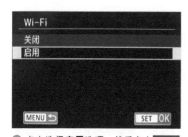

❹ 点击选择**启用**选项，然后点击 SET OK 图标确认

❺ 启用 Wi-Fi 后，将要求用户为相机设置一个昵称，点击确定按钮即可

❻ 点击字符输入相机的昵称，然后点击 MENU OK 图标确认，然后在显示的界面中点击选择**确定**选项即可

设置要连接的设备

启用 Wi-Fi 后，还需要在相机上选择要连接的设备，这里讲解的是利用智能手机扫描 WLAN 网络进行连接的方法。对于支持 NFC 功能的智能手机，只要在"NFC"中选择了"启用"选项，然后打开手机上的 NFC 功能，直接触碰相机的 NFC 标记处即可建立连接。

在选择"不显示"选项后，即可开始连接，并显示设定的昵称及密码等信息。如果在"Wi-Fi设置"中将"密码"设置为无，则不显示密码信息。

① 在**设置菜单1**中点击选择**无线通信设置**选项

② 点击选择**Wi-Fi功能**选项

③ 点击选择要连接到的设备，这里以连接至智能手机为例

④ 点击选择**注册要连接的设备**选项

⑤ 在智能手机已经安装Camera Connect时，点击选择**不显示**选项即可

⑥ 将显示SSID和密码，此时需要操作手机进行连接

利用智能手机搜索无线网络

完成上述步骤的设置工作后，在这一步骤中需要启用智能手机的Wi-Fi功能，并接入Canon EOS 6D Mark Ⅱ的Wi-Fi网络。

① 开启智能手机的Wi-Fi功能，并搜索名为EOS 6D2-515_Canono0A的无线网络

② 成功连接Wi-Fi后，在Camera Connect 中选择要连接的相机即可

传输相机中的照片到手机

在 成功建立连接后，即可通过 Camera Connect 软件，在智能手机上显示相机中的照片，还可以将照片传输至手机上，从而实现即拍即分享。

❶ 连接成功后，点击界面中**相机上的图像**选项

❷ 在缩略图显示界面中，点击要传输的照片左上角的圆框进行勾选

❸ 当出现橙色勾选标志时，点击下方的图标选项

❹ 将开始传输图像到手机，传输完成后即可通过移动网络将照片分享到微博、QQ好友、微信朋友圈等

用智能手机进行遥控拍摄

使用Wi-Fi 功能将Canon EOS 6D Mark Ⅱ相机连接到智能手机后，点击Camera Connect 软件上的"遥控实时显示拍摄"即可启动实时显示遥控功能，智能手机屏幕将显示实时显示画面，用户还可以在拍摄前进行设置，如曝光模式、光圈、ISO、曝光补偿、驱动模式、手动对焦等参数。

❶ 在连接上相机Wi-Fi 网络的情况下，点击软件界面中遥控实时显示拍摄选项

❷ 将实时显示图像，此时可以点击右上方的图标可以进入设置界面，进行拍前相关的设置

❸ 在顶部选择红框中的相机图标时，可遥控相机拍摄照片。点击底部蓝框中的各种图标可以设置相关参数

❹ 在顶部选择红框中的录像图标时，可遥控相机录制视频。点击底部蓝框中的各种图标可以设置相关参数

焦距：300mm　光圈：F4　快门速度：1/800s　感光度：ISO100

Chapter **11**

为 Canon EOS 6D Mark Ⅱ
选择合适的镜头

佳能EF镜头名称解读

佳能 EF 镜头名称中包括很多数字和字母，EF 系列镜头采用了独立的命名体系，各数字和字母都有特定的含义，能够熟记这些数字和字母代表的含义，就能很快地了解一款镜头的性能。

EF 24-105mm F4 L IS USM
① ② ③ ④

① 镜头种类

■EF

适用于 EOS 相机所有卡口的镜头均采用此标记。如果是 EF，则不仅可用于胶片单反相机，还可用于全画幅、APS-H 画幅及 APS-C 画幅的数码单反相机。

■EF-S

使用 APS-C 尺寸图像感应器的数码单反相机专用镜头。S 为 Small Image Circle（小成像圈）的缩写。

■MP-E

最大放大倍率在 1 倍以上的"MP-E 65mm F2.8 1-5x 微距摄影"镜头所使用的名称。MP 是 Macro Photo（微距摄影）的缩写。

■TS-E

可将光学结构中一部分镜片倾斜或偏移的特殊镜头的总称，也就是人们所说的移轴镜头。佳能原厂有 24mm、45mm、90mm 三款移轴镜头。

② 焦距

表示镜头焦距的数值。定焦镜头采用单一数值表示，变焦镜头分别标记焦距范围两端的数值。

③ 最大光圈

表示镜头所拥有最大光圈的数值。光圈恒定的镜头采用单一数值表示，如 EF 70-200mm F2.8 L IS USM；浮动光圈的镜头标出光圈的浮动范围，如 EF-S 18-135mm F3.5-5.6 IS。

④ 镜头特性

■L

L 为 Luxury（奢侈）的缩写，表示此镜头属于高端镜头。此标记仅赋予通过了佳能内部特别标准的、具有优良光学性能的高端镜头。

■Ⅱ、Ⅲ

镜头基本上采用相同的光学结构，仅在细节上有微小差异时，添加该标记。Ⅱ、Ⅲ表示是同一光学结构镜头的第 2 代和第 3 代。

■USM

表示自动对焦机构的驱动装置采用了超声波马达（USM）。USM 将超声波振动转换为旋转动力从而驱动对焦。

■鱼眼（Fisheye）

表示对角线视角为 180°（全画幅时）的鱼眼镜头。之所以称之为鱼眼，是因为其特性接近于鱼从水中看陆地的视野。

■SF

被佳能 EF 135mm F2.8 SF 镜头所使用。其特征是利用镜片 5 种像差之一的"球面像差"来获得柔焦效果。

■DO

表示采用 DO 镜片（多层衍射光学元件）的镜头。其特征是可利用衍射改变光线路径，只用一片镜片对各种像差进行有效补偿，此外还能够起到减轻镜头重量的作用。

■IS

IS 是 Image Stabilizer（图像稳定器）的缩写，表示镜头内部搭载了光学式手抖动补偿机构。

■小型微距

最大放大倍率为 0.5 的"EF 50mm F2.5 小型微距"镜头所使用的名称。表示是轻量、小型的微距镜头。

■微距

通常将最大放大倍率在 0.5~1 倍（等倍）范围内的镜头称为微距镜头。EF 系列镜头包括 50mm~180mm 各种焦段的微距镜头。

■1-5x微距摄影

数值表示拍摄可达到的最大放大倍率。此处表示可进行等倍至 5 倍的放大倍率拍摄。在 EF 镜头中，将具有等倍以上最大放大倍率的镜头称为微距摄影镜头。

① 镜头种类	② 焦距
③ 最大光圈	④ 镜头特性

镜头焦距与视角的关系

每款镜头都有其固有的焦距,焦距不同,拍摄视角和拍摄范围也不同,而且不同焦距下的透视、景深等特性也有很大的区别。例如,使用广角镜头的14mm焦距拍摄时,其视角能够达到114°;而如果使用长焦镜头的200mm焦距拍摄时,其视角只有12°。不同焦距镜头对应的视角如下图所示。

由于不同焦距镜头的视角不同,因此,不同焦距镜头适用的拍摄题材也有所不同,比如焦距短、视角宽的广角镜头常用于拍摄风光;而焦距长、视角窄的长焦镜头则常用于拍摄体育比赛、鸟类等位于远处的对象。

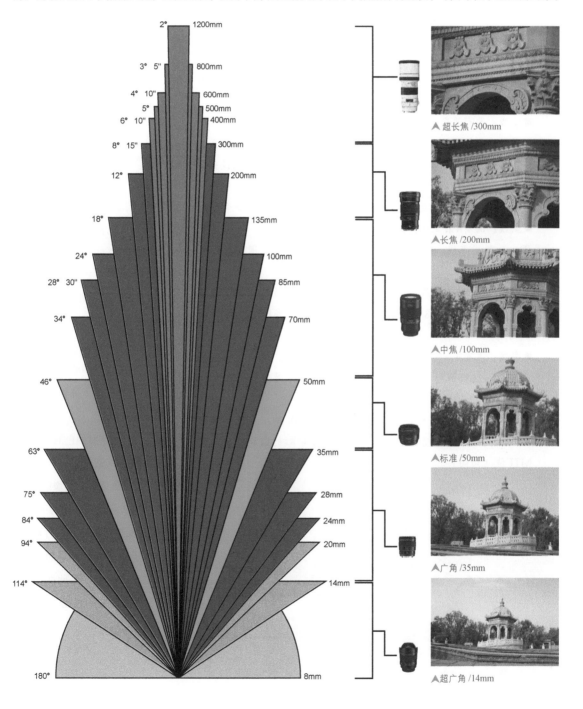

▲ 超长焦 /300mm

▲ 长焦 /200mm

▲ 中焦 /100mm

▲ 标准 /50mm

▲ 广角 /35mm

▲ 超广角 /14mm

通过MTF图了解镜头

M TF图（模量传递函数）是对镜头的锐度、反差和分辨率进行综合评价的曲线。

下面将以佳能EF 50mm F1.2 L USM的MTF曲线图为例，讲解图中各部分所代表的含义。

- ■横轴：从左至右代表成像平面圆心到边缘的半径尺寸。左边的0位置代表镜头的中心，最右边的位置代表像场半径的最边缘，视镜头像场大小而定，单位是毫米。
- ■纵轴：从下到上代表成像素质达到实物状况的百分比，取值范围为0~1。1就是100%，显然这是不可能的，曲线只能无限接近于1，不可能等于1。
- ■粗线：共有两条粗线，分别是蓝色粗线与黑色粗线，代表镜头分辨率的测试结果，曲线越高表明镜头表现有反差图像的能力越强。
- ■细线：共有两条细线，分别是蓝色细线与黑色细线，代表镜头对图像反差识别率的测试结果。此测试数值越接近于1，代表镜头在细节方面的成像性能越优秀，换言之，拍摄出来的照片越锐利。
- ■黑线：共有4条黑线，分别是一细黑线、一粗黑线、一细虚黑线、一粗虚黑线，这些黑线均代表当镜头以最大光圈测光时的测试结果。
- ■蓝线：共有4条蓝线，分别是一细蓝线、一粗蓝线、一细虚蓝线、一粗虚蓝线，这些蓝线均代表当镜头以光圈F8测光时的测试结果。
- ■实线：共有4条实线，即蓝色粗实线和细实线，黑色粗实线和细实线，这四条实线代表镜头从画面中心向四周辐射的MTF值（径向）。
- ■虚线：共有4条虚线，即蓝色粗虚线和细虚线，黑色粗虚线和细虚线，这四条虚线代表镜头围绕画面中心的圆切线方向的MTF值（切向）。

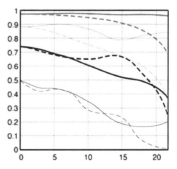

▲ 佳能 EF 50mm F1.2L USM 的 MTF 曲线图

要通过MTF曲线来评判一支镜头的优劣，可以从以下几个方面来考虑：

① MTF曲线越高越好，曲线越高说明镜头的光学性能越好。因此MTF值在0.8以上就表示此镜头的性能已经可以称为优秀镜头了，但是总体上看不一定就是好镜头；可是反过来说，圆心处的MTF数值不足0.6的镜头，肯定不是好镜头。

② MTF曲线越平直越好，越平直说明边缘与中心的一致性就越好，边缘严重下降说明边角反差与分辨率较低。

③无论是哪种颜色的线条，实线与虚线越接近越好，两者之间的距离越小说明镜头的像散越小。

④ 4条蓝线由于代表的是使用F8光圈拍摄时镜头的性能，比较接近于镜头在各种理想拍摄条件下的最佳性能，因此能够反映出镜头的实际应用性能。

◀ 通过 MTF 曲线图可以判断镜头的质量，使用高质量镜头所拍出画面的中心位置与四周的画质同样出色（焦距：35mm 光圈：F8 快门速度：1/320s 感光度：ISO100）

定焦与变焦镜头

定焦镜头的焦距不可调节，它具有光学结构简单、最大光圈很大、成像质量优异等特点，在相同焦段的情况下，定焦镜头往往可以和价值数万元的专业镜头媲美。其缺点是由于焦距不可调节，机动性较差，不利于拍摄时进行灵活构图。

变焦镜头的焦距可在一定范围内变化，例如，EF 70-200mm F2.8 L IS USM 这款镜头的焦距，可以通过旋转变焦环从 70mm 的中焦端，逐渐变化到 200mm 的长焦端。变焦镜头的光学结构复杂、镜片片数较多，使得它的生产成本较高，少数恒定大光圈、成像质量优异的变焦镜头价格昂贵，通常在万元以上。另外，变焦镜头的最大光圈较小，能够达到恒定F2.8 光圈就已经是顶级镜头了，当然在售价上也是"顶级"的。

变焦镜头解决了摄影师为拍摄不同景别和环境时走来走去的难题，由于生产技术日益提高，现在顶级的变焦镜头已经能够提供与定焦镜头相当的画质。

焦距：50mm 光圈：F3.5 快门速度：1/1000s 感光度：ISO100

焦距：100mm 光圈：F3.5 快门速度：1/250s 感光度：ISO100

焦距：200mm 光圈：F5.6 快门速度：1/160S 感光度：ISO100

▲ 佳能 EF 70-200mm F2.8L Ⅱ IS USM 变焦镜头

▲ 在这组照片中，摄影师只是在较小的范围内移动，就拍摄到了完全不同景别和环境的照片，这都得益于使用变焦镜头的不同焦距

广角镜头

广角镜头的特点

广角镜头的焦距段在 10 ~ 35mm 之间,其特点是视角广、景深大和透视效果好,不过成像容易变形,其中焦距为 10 ~ 24mm 的镜头,由于焦距更短,视角更广,被称为超广角镜头。在拍摄风光、建筑等大场面的景物时,可以很好地表现景物雄伟壮观的气势。

常见的佳能定焦广角镜头有 EF 35mm F1.4 L USM、EF 28mm F1.8 USM、EF 14mm F2.8 L II USM 等;而变焦广角镜头则以 EF 16-35mm F2.8 L II USM 及 EF 17-40mm F4 L USM 等为代表。

广角镜头在风景摄影中的应用

拍摄风光照片时,广角镜头是最佳选择之一,利用广角镜头强烈的透视性能可以突出画面的纵深感,因此广角镜头常用来表现花海、山脉、海面、湖面等需要宽广的视角展示整体气势的摄影主题。

在拍摄时,可在画面中引入线条、色块等元素,以便充分发挥广角镜头的线条拉伸作用,增强画面的透视感,同时利用前景、远景的对比来突出画面的空间感。

▲ 使用广角镜头拍摄的画面透视效果好,具有较强的空间纵深感(焦距:24mm 光圈:F18 快门速度:1/5s 感光度:ISO100)

广角镜头在建筑摄影中的应用

由于建筑摄影中的被摄对象,往往有明显、清晰的线条,因此使用广角镜头可以明显拉伸建筑物的线条,增强画面的透视感。

例如,如果要将城市的繁华与恢宏尽收于画面之中,就应该使用广角镜头,而且拍摄时要选择位置较高、视野开阔的地点,以横画幅来展现都市开阔、宏伟的规模。如果要拍摄的城市依山而建,可借助山丘居高临下俯视拍摄都市全景,也可以在高楼、大桥、较宽阔的十字路口拍摄,同样能够营造出深远的画面意境。

如果利用广角镜头来拍摄高耸的高楼大厦,应该采用竖画幅,以仰视的角度进行拍摄,从而突出都市摩天大楼直插天际的高耸效果。

▲ 使用广角镜头拍摄的建筑,建筑和周围的环境都可以得到很好的表现(焦距:18mm 光圈:F8 快门速度:1/250s 感光度:ISO100)

广角镜头推荐之一：佳能 EF 17-40mm F4 L USM

这款镜头是"佳能小三元"中的一员，跟"大三元"中的 EF 16-35mm F2.8 相比，只是小了一挡光圈而已，这款镜头只要 3900 元左右就可买到，比不少 EF-S 镜头还便宜。

这款镜头使用了一片超低色散镜片，能有效地减少光线的色散，提高镜头的反差和分辨率；还使用了 3 片非球形镜片，大大地降低了出现广角成像畸变的可能性。

它的成像质量非常优异，配得上红圈 L 头的称号，装在 Canon EOS 6D Mark Ⅱ 相机上，能够较好地发挥其广角端的优势，适合拍摄风光，同时也能满足其他日常拍摄的要求。

镜片结构	9组12片
光圈叶片数	7
最大光圈	F4
最小光圈	F22
最近对焦距离（cm）	28
最大放大倍率	0.24
滤镜尺寸（mm）	77
规格（mm）	83.5×96.8
重量（g）	475

▼（焦距：40mm 光圈：F18 快门速度：4s 感光度：ISO100）

广角镜头推荐之二：佳能EF 14mm F2.8 L Ⅱ USM

这款佳能 L 系列超广角定焦镜头具有优异的光学素质，相比于 1991 年发售的 EF 14mm F2.8 L USM 镜头，这款升级版二代镜头在原有的基础上进行了很多改进，不仅重新进行了镜组排列，由原来的 10 组 14 片改为 11 组 14 片，最近对焦距离也从 0.25m 缩短到了 0.2m。

该镜头采用圆形光圈，可全时手动对焦，并具有出色的防水、防尘性能。该镜头采用了 11 组 14 片的光学结构，包括两片 UD 超低色散镜片和两片非球面镜片，使得畸变及暗角等超广角镜头存在的常见问题得到了有效改善。

在分辨率方面，收缩两挡光圈以后，画面的色彩、中心及边缘的成像质量都是无懈可击的，使用在 Canon EOS 6D Mark Ⅱ 这样的全画幅相机上，更能够感受到超广角定焦镜头的独特魅力，充分利用 20cm 的最近对焦距离，还能够拍摄出一些特别的摄影作品。

镜片结构	11组14片
光圈叶片数	6
最大光圈	F2.8
最小光圈	F22
最近对焦距离（cm）	20
最大放大倍率	0.15
滤镜尺寸（mm）	—
规格（mm）	80×94
重量（g）	645

▼（焦距：14mm 光圈：F8 快门速度：3.2s 感光度：ISO200）

中焦镜头

中焦镜头的特点

一般来说，35~135mm 焦段都可以称为中焦，其中 50mm、85mm 镜头都是常用的中焦镜头。中焦镜头的特点是镜头的畸变相对较小，能够较真实地还原拍摄对象，因此在拍摄人像、静物等题材时应用非常广泛。

常见的佳能定焦中焦镜头有 EF 85mm F1.2 L Ⅱ USM、EF 50mm F1.2 L USM 等，而带有中焦端的变焦镜头则以 EF 24-70mm F2.8 L USM 及 EF 24-105mm F4 L IS USM 等为代表。

中焦镜头在人像摄影中的应用

使用中焦镜头拍摄人像时，可避免由于拍摄距离过远或过近而产生的疏离感或压迫感，更容易抓拍到模特最真实的表情。适当缩小光圈后，能够将部分环境纳入画面中，这样可更写实地表现出模特的气质。

如果是在较杂乱的环境中拍摄，可通过拉远人物与背景之间的距离来模糊背景、简化画面，使模特在画面中显得更加突出。

使用中焦镜头拍摄人像具有变形小的优点，以平视角度拍摄的画面看起来很舒服。

▲ 中焦镜头拍摄人像的效果比较自然，画面看起来很舒服（焦距：85mm 光圈：F3.2 快门速度：1/500s 感光度：ISO200）

中焦镜头在自然风光摄影中的应用

虽然，中焦镜头又被称为"人像镜头"，多用于人像拍摄，但这并不代表中焦镜头不能拍摄风光。实际上，由于中焦镜头能够产生一定的画面压缩透视效果，因此在风光摄影中也常被用到。

例如，在拍摄森林时，使用中焦镜头平视拍摄，能够产生树木紧贴的效果，使画面中的树木看上去更密集。另外，中焦镜头也常被用于表现景物的局部，例如，表现外形完美的花瓣、质感强烈的礁石等。

▲ 使用中焦镜头拍摄盛开的樱花，由于镜头产生了景深压缩效果，画面中的花朵显得更加密集、繁茂（焦距：50mm 光圈：F8 快门速度：1/160s 感光度：ISO200）

中焦镜头推荐之一：佳能 EF 50mm F1.2 L USM

这款标准定焦镜头采用了最新的光学技术，在用料上可谓不遗余力，其尺寸达到了 85.8mm×65.5mm，质量更是达到了 590g，这样的镜头配在 Canon EOS 6D Mark II 机身上，重量还算平衡。

作为一款超大光圈镜头，其对焦速度是被大家重点关注的一个性能。这款镜头内置了高速 CPU 及优化设计的自动对焦算法，能够实现较高速的对焦——当然，在光圈全开的情况下，对焦速度还是有待改进的。

这款镜头采用了一枚高精度非球面镜片来降低球面像差，同时还提高了成像的锐度，从而获得反差良好的高画质影像。而 8 叶光圈片则保证了镜头拥有极佳的虚化效果。

另外，作为一款 L 级镜头，其卡口部位采用了严格的防尘、防滴密封设计，即使在苛刻的环境中，也能够从容拍摄。

镜片结构	6组8片
光圈叶片数	8
最大光圈	F1.2
最小光圈	F16
最近对焦距离（cm）	45
最大放大倍率	0.15
滤镜尺寸（mm）	72
规格（mm）	85.8×65.5
重量（g）	590

▼（焦距：50mm 光圈：F2 快门速度：1/1000s 感光度：ISO400）

中焦镜头推荐之二：EF 85mm F1.2 L II USM

8 5mm 一直被认为是较佳的人像拍摄焦距，因此佳能的这款 F1.2 超大光圈镜头，为营造迷人的虚化效果、弱光下的出色表现等提供了绝佳的保障。

这款二代 85mm F1.2 镜头，采用了一块超大型研削非球面镜片及两枚高折射率镜片，配合全新的镀膜技术，对提升画面解像力、改善球面像差及抵制鬼影等都起到了非常积极的作用。

在对焦系统方面，这款镜头采用了浮动对焦设计，并引入了新款 CPU 及自动对焦演算方法，令对焦及反应速度较前代提高了 1.8 倍之多——虽然尚不及内对焦或后对焦镜头，但较上一代镜头出现的那种"拉风箱"的现象，已经改善了很多。

要注意的是，在光圈全开的情况下，暗角问题会比较严重，收缩一挡光圈后会得到极大的改善。

镜片结构	7组8片
光圈叶片数	8
最大光圈	F1.2
最小光圈	F16
最近对焦距离（cm）	95
最大放大倍率	0.11
滤镜尺寸（mm）	72
规格（mm）	91.5×84
重量（g）	1025

▼（焦距：85mm 光圈：F2.8 快门速度：1/400s 感光度：ISO100）

中焦镜头推荐之三：佳能 EF 24-105mm F4 L IS USM

由于这款镜头经过了数码优化，因此用在数码单反相机上时，其性能要更加优异一些。这款拥有 F4 大光圈的标准变焦 L 镜头，使用了 1 片超低色散镜片和 3 片非球面镜片，能有效控制畸变和色差；内置的 IS 影像稳定器，能够提供相当于提高三挡快门速度的抖动补偿；多层超级光谱镀膜以及优化的镜片排放位置，可以有效抑制鬼影和眩光的产生；采用了圆形光圈并可全时手动对焦，还具有良好的防尘、防潮性能。

总的来说，该镜头全焦段都可以放心使用，光学素质比较平均，没有大的起伏。这款镜头的主要优点是通用性强、综合性能优异；缺点是变形大、边缘画质一般、四角失光较严重。所以，只要使用时想办法扬长避短，还是可以拍出高质量照片的。

镜片结构	13组18片
光圈叶片数	8
最大光圈	F4
最小光圈	F22
最近对焦距离（cm）	45
最大放大倍率	0.23
滤镜尺寸（mm）	77
规格（mm）	83.5×107
重量（g）	670

▼（焦距：24mm　光圈：F13　快门速度：12s　感光度：ISO100）

长焦镜头

长焦镜头的特点

长焦镜头也叫"远摄镜头"，具有"望远"的功能，能拍摄距离较远、体积较小的景物，通常拍摄野生动物或容易被惊扰的对象时会用到长焦镜头。长焦镜头的焦距通常在 135mm 以上，一般有 135mm、180mm、200mm、300mm、400mm、500mm 等几种，而焦距在 300mm 以上的镜头被称为"超长焦镜头"。长焦镜头具有视角窄、景深小、空间压缩感较强等特点。

常见的佳能定焦长焦镜头有 EF 135mm F2 L USM、EF 200mm F2 L IS USM、EF 400mm F2.8 L IS USM 等，而长焦变焦镜头则以 EF 70-200mm F2.8 L Ⅱ IS USM 及 EF 100-400mm F4.5-5.6 L IS USM 等为代表。

认识长焦镜头的透视压缩特性

透视压缩是使用长焦镜头拍摄的照片存在的一个较为明显的特征，即画面没有纵深感，表现为较明显的平面效果。这是由于长焦镜头视角较窄，在画面中很难形成具有明显透视效果的线条，因此画面很难产生透视效果。

在实际拍摄过程中，所使用的镜头焦距不同，其拍摄视角也不同，因此画面的透视效果自然存在差异。例如，当使用广角镜头的 18mm 焦距拍摄时，其拍摄视角约 110°；而使用长焦镜头的 250mm 焦距拍摄时，其拍摄视角只有 8° 左右，在这么狭窄的视角内是很难表现出透视效果的。

▲ 使用广角镜头的 18mm 焦距拍摄时，其拍摄视角约为 110°，画面的透视效果明显

从右侧的图例可以看出，虽然拍摄的是同一个建筑物，拍摄时摄影师所处的位置也没有变化，但在使用 250mm 焦距拍摄的画面中，建筑看起来更大，而且感觉更靠近背景处的白云，这正是由于长焦镜头具有明显的透视压缩特性造成的。

通常，在拍摄时使用的镜头焦距越大，拍出照片中的背景也显得越大，而两者之间的距离感也就越不明显。

▲ 使用长焦镜头的 250mm 焦距拍摄时，其拍摄视角约为 8°，画面的透视效果不明显

使用长焦镜头虚化背景以突出动物或飞鸟

在拍摄动物时，通常要使用长焦镜头，因为如果拍摄时身处野外，只有使用长焦镜头，摄影师才能在较远的距离进行拍摄，从而避免被摄动物由于摄影师的靠近，受到惊吓而逃走，也可以避免摄影师过于靠近凶猛的动物而受到伤害；如果拍摄的是动物园中的动物，也必须使用长焦镜头，因为摄影师通常无法靠近这些动物。

另外，在户外拍摄动物时，使用长焦镜头可以获得较好的背景虚化效果，便于突出被摄主体的形象。

▲ 使用长焦镜头可以轻易拍出野生动物们悠闲的生活场景，画面真实、自然，能打动人（焦距：300mm 光圈：F5.6 快门速度：1/1200s 感光度：ISO800）

在拍摄鸟类时，长焦镜头更是必备器材。在拍摄高空中的飞鸟时，至少要用 300mm 的长焦镜头；而要拍摄特写的话，600mm 左右的超长焦镜头是最好的选择。

摄影师通过长焦镜头对背景进行虚化处理，使鸟儿在杂乱的环境中脱颖而出（焦距：500mm 光圈：F6.3 快门速度：1/320s 感光度：ISO500）

利用长焦镜头的透视压缩特性拍出木版画效果

如前所述，长焦镜头具有较强的远摄性能，能够拉近远处的景物，所拍出的画面具有较强的平面效果。在实际拍摄时，如果能够根据光线、景物、拍摄意图等，巧妙地运用长焦镜头的这一特点，就能使画面更具美感。

例如，使用长焦镜头拍摄延绵的山脉和距离很远的月亮或太阳时就会发现，画面中的山脉和月亮或太阳之间几乎没有距离，整张照片就如同一幅平面感很强的木版画。在逆光情况下拍摄剪影效果画面时，效果尤其明显。

采用这种手法拍摄时，要想获得好的画面效果，应在和被摄体保持一定距离的前提下，尽量选择焦距较长的镜头。

▶渔船与礁岛均以剪影形式出现在画面中，为了使两者之间形成较好的对比衬托关系，使用了200mm的长焦镜头进行拍摄，使整个画面犹如木版画一般精致、美观（焦距：200mm　光圈：F8　快门速度：1/640s　感光度：ISO100）

长焦镜头在建筑风光摄影中的应用

不同的建筑看点不同，有些建筑美在造型，如国家大剧院、鸟巢，有些建筑则美在细节，如故宫、布达拉宫，这并不是否定一些建筑的细节或另一些建筑的整体，而仅仅是从相对的角度分析拍摄不同的建筑时，更应该关注整体还是局部。

对于那些美在整体的建筑，当然应该用广角镜头尽量表现其整体感，而另一些建筑则应该用长焦镜头以近景甚至是特写的景别表现那些容易被游人忽略的细节，通过刻画这些细节，使建筑的设计与建造者的聪明才智得以充分体现。

▶利用长焦镜头在较远的位置把建筑物的细节放大，更好地展现了建筑物局部造型的精美（焦距：200mm　光圈：F5.6　快门速度：1/320s　感光度：ISO100）

长焦镜头在人像摄影中的应用

很多人像摄影师都习惯于使用 85mm 的定焦镜头拍摄人像，因为采用 85mm 左右的焦距拍摄时，摄影师与模特之间能够进行良好的沟通，而且由于镜头光圈较大，因此可以得到较好的虚化效果。

实际上，在拍摄人像时，长焦镜头也经常被用到，尤其是当摄影师手中没有大光圈镜头时，要想拍出漂亮的背景虚化效果，非长焦镜头莫属。

▲ 使用长焦镜头拍摄的人像，小景深的画面使杂乱的环境被虚化掉了，突出了画面中的被摄者（焦距：200mm 光圈：F3.5 快门速度：1/800s 感光度：ISO100）

利用长焦镜头拍摄真实自然的儿童照

在为儿童拍摄照片时，为了避免孩子们看到有人给自己拍照而感到紧张，最好能用长焦镜头，这样摄影师可以站在相对较远的位置，拍摄到孩子最真实、自然的神态。

这一点实际上与为某些对镜头敏感的成人拍照颇有相似之处，只不过孩子在这方面更敏感一些。当然，如果能让孩子完全无视摄影师的存在，这个问题也就迎刃而解了。

一个比较好的方法是，让孩子将摄影当做一场游戏，使其参与到这场游戏中，从而在与其互动的过程中捕捉到精彩的画面。

▲ 使用长焦镜头拍摄儿童，在其没有察觉的情况下，拍摄到最真实、自然的画面（焦距：200mm 光圈：F4 快门速度：1/320s 感光度：ISO100）

高手点拨

拍摄时使用的长焦镜头最好带有防抖功能，或者使用比安全快门更高的快门速度，否则使用长焦端拍摄时，手部轻微的抖动都可能导致拍出的画面是模糊的。

长焦镜头在体育、纪实摄影中的应用

在拍摄体育类照片时，通常不太可能在赛场中拍摄，而是在举办方指定的摄影场地拍摄，这就决定了摄影师必须使用长焦镜头，才有可能拉近远处的运动员。通常所使用的镜头焦距都应该在200mm甚至300mm以上，这也是为什么在欣赏比赛时，场边"长枪大炮"特别多的原因。

另外，在拍摄体育纪实时，为了将运动员精彩的运动瞬间定格下来，应选择较高的快门速度。如果是在户外拍摄正常走动的运动员，使用1/250s左右的快门速度即可；如果运动员做幅度较大的剧烈运动，则应该设置更高的快门速度。

在拍摄之前，应该预先做好测光和构图工作，避免被摄者冲出画面之外而失去拍摄时机。这种情况多出现在拍摄高速运动的人物时，往往是摄影师还没有来得及改变构图，人物的运动就已经完成了。

而对于拍摄纪实照片而言，很重要的一点是务必使画面真实而自然地表现人物当时的状态，如争斗、织布、洗衣、纺纱等，因为很少有人注意到自己被摄影师拍摄时，还能保持自然的表情和动作，因此，拍摄时最好使用长焦镜头，当然这也要视被摄对象与摄影师之间的距离而定。

▲ 摄影师采用长焦镜头拍摄到足球运动员在比赛中的精彩瞬间，画面干净，主体突出（焦距：300mm 光圈：F2.8 快门速度：1/500s 感光度：ISO3200）

▶利用长焦镜头拍摄节日庆典中载歌载舞的红衣女子，亮丽的服装与生动的表情使画面显得极为活泼、传神（焦距：200mm 光圈：F10 快门速度：1/640s 感光度：ISO100）

使用长焦镜头靠近拍摄有冲击力的画面

在 使用长焦镜头拍摄时，大多数摄友往往选择在距被摄对象很远的地方进行取景。实际上，如果条件允许，即使是使用长焦镜头，也应该尝试尽量靠近被摄对象，这样能够获得更有冲击力的画面。

右侧与下方展示的两张照片，均使用 200mm 焦距拍摄，不同之处在于拍摄时摄影师距离被摄对象的远近不同。从画面效果可以看出，靠近被摄对象拍摄的那张照片中主体显得更大、更有冲击力。

因此，当使用长焦镜头拍摄时，摄影师不应依赖镜头的长焦距躲在远处拍摄，而应尽可能靠近被摄体捕捉有冲击力的画面。

▲ 从大约25m处拍摄的效果

▼ 从大约5m处拍摄的效果

长焦镜头推荐之一：佳能 EF 70-300mm F4-5.6 L IS USM

佳能在 70~300mm 这个焦段有多款不同定位的镜头，而这款 L 级远摄变焦镜头，可以说是所有同类镜头中用料最足的一款镜头。这款镜头配有两片超低色散镜片，可保证镜头在全焦段都具有较高的分辨率；搭载了浮动对焦机构，在全部拍摄距离内均能够获得高画质表现；优化的镜片配置与镀膜可以很好地抑制眩光和鬼影，从而能够获得良好的色彩平衡；所搭载的手抖动补偿机构——IS 影像稳定器，可在全焦段下提供相当于约 4 级快门速度的手抖动补偿，除了提供用于普通拍摄的手抖动补偿"模式 1"之外，还提供了用于追随拍摄等的手抖动补偿"模式 2"。

镜片结构	14组19片
光圈叶片数	8
最大光圈	F4~F5.6
最小光圈	F32~F45
最近对焦距离（cm）	120
最大放大倍率	0.21
滤镜尺寸（mm）	67
规格（mm）	89×145
重量（g）	1050

在分辨率方面，全开光圈时就有很好的表现，收缩一挡光圈后画质会有较大幅度的提升，应该说作为一款 L 级镜头，其表现还是令人满意的。

在色散方面，这款镜头的问题不算严重，若能配合使用色散校正功能，则能够大大改善色散问题；在色彩方面，这款镜头的表现中规中矩，色彩的饱和度较高，色彩还原也较为准确。

总的来说，这是一款高端的中长焦变焦镜头，虽然其售价显得不够亲民，但作为 L 级镜头，还是物有所值的，在拍摄体育、鸟类甚至旅游等题材时都有很好的表现。

▼（焦距：300mm 光圈：F4 快门速度：1/4000s 感光度：ISO320）

长焦镜头推荐之二：佳能EF 70-200mm F2.8 L IS Ⅱ USM

这 款"小白IS""爱死小白"的第二代产品，被人亲昵地冠以"小白兔"的绰号，它与Canon EOS 6D Mark Ⅱ接装在一起，不论是名字还是性能，都相当般配。

作为佳能 EOS 顶级 L 镜头的代表，它采用了 5 片超低色散镜片和 1 片萤石镜片，可以对色像差进行了良好的补偿。在镜头对焦镜片组（第 2 组镜片）配置的超低色散镜片，可以对对焦时容易出现的倍率色像差进行补偿。采用优化的镜片结构以及超级光谱镀膜，可以有效抑制眩光与鬼影。全新的 IS 影像稳定器可带来相当于提高约 4 级快门速度的抖动补偿效果。

总的来说，这款镜头囊括了几乎佳能所有的高新技术，性能上拥有绝对的保障，但超过万元的售价也确实不是人人负担得起的。

镜片结构	19组23片
光圈叶片数	8
最大光圈	F2.8
最小光圈	F32
最近对焦距离（cm）	120
最大放大倍率	0.21
滤镜尺寸（mm）	77
规格（mm）	89×199
重量（g）	1490

▼ （焦距：200mm 光圈：F3.5 快门速度：1/1250s 感光度：ISO200）

微距镜头

微距镜头的特点

微距镜头主要用于近距离拍摄物体，它具有 1:1 的放大倍率，即成像与物体实际大小相等，其焦距通常有 60 mm、100 mm、180 mm 几种。

微距镜头被广泛地用于拍摄花卉、昆虫等体积较小的对象，也可用于翻拍旧照片。

相机的画幅尺寸和微距摄影中成像尺寸的关系

许多使用全画幅相机进行微距摄影的爱好者会想当然地认为，使用全画幅相机更具有优势，但实际情况并非完全如此。

单纯从画质方面来看，全画幅相机更具有优势；但如果考虑成像尺寸，则两者各有优缺点。

下图展示了将两款视角、放大倍率等性能参数基本相同的微距镜头，分别安装在全画幅与 APS-C 画幅相机上拍摄得到的效果。

第一款镜头为 EF-S 60mm F2.8 USM，其被安装在 APS-C 画幅数码相机 Canon EOS 80D 上；第二款镜头为 EF 100mm F2.8 L IS USM，其被安装在全画幅数码相机 Canon EOS 6D Mark Ⅱ 上。

虽然，同样是拍摄直径为 25mm 的硬币，而且

两款镜头的视角、放大倍率也相同，但从成像效果来看，EF-S 60mm F2.8 USM 微距镜头与 APS-C 画幅数码相机的组合所拍出的硬币更大。

这是由于全画幅数码相机和 APS-C 画幅数码相机的图像感应器尺寸不同造成的，因为 APS-C 画幅数码相机的图像感应器比全画幅数码相机的图像感应器要小一些，因此在放大倍率相同的情况下，使用 APS-C 画幅相机拍出的照片中被摄体的影像就会被截去一部分，即被摄体的大小超过了图像感应器的尺寸，画面看起来就像被放大了一样。

因此，在微距摄影中，如果要将花朵、昆虫、宝石等对象拍得更大，使用 APS-C 画幅相机反而更有利。

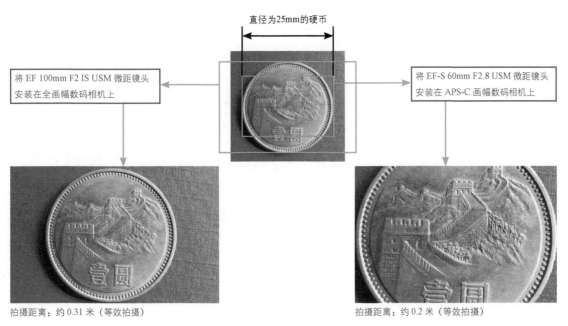

直径为25mm的硬币

将 EF 100mm F2 IS USM 微距镜头安装在全画幅数码相机上

将 EF-S 60mm F2.8 USM 微距镜头安装在 APS-C 画幅数码相机上

拍摄距离：约 0.31 米（等效拍摄）

拍摄距离：约 0.2 米（等效拍摄）

▲ 使用全画幅和 APS-C 画幅相机等倍拍摄的效果比较

微距镜头在昆虫与花卉摄影中的应用

微距镜头是拍摄昆虫、花卉等对象的最佳选择，因为微距镜头可以按照 1：1 的放大倍率对被摄体进行放大，这种效果是其他镜头无法比拟的。

因此，无论是表现昆虫羽翼的图案、艺术品般的复眼，还是花瓣精细的纹理、花蕊的结构，微距镜头都能够将其清晰地呈现在画面中。此外，由于使用微距镜头拍摄的画面景深通常都比较小，因此可虚化无关的背景，从而获得色彩纯净、主体突出的画面效果。

要注意的是，由于微距镜头拍出画面的景深非常浅，因此在使用时要注意对焦的精准性，通常采用手动对焦方式进行对焦。

▲ 使用微距镜头靠近拍摄，蜘蛛的体态被放大后，大大的眼睛显得格外突出（焦距：65mm 光圈：F13 快门速度：1/250s 感光度：ISO100）

用"新百微"克服微距拍摄对焦难问题

很多拍摄者都喜欢使用微距镜头拍摄花卉、昆虫等题材，而且在拍摄时，为了获得更好的虚化效果，或更充足的进光量，很多时候需要使用较大的光圈。此时，只能对花朵上极小的面积进行合焦，无论是拍摄者本身还是花卉产生的微小抖动都可能导致画面发虚，在手持拍摄时这一现象尤其明显。

Canon EOS 6D Mark Ⅱ与"新百微"镜头配合使用，则可以较好地解决这一难题。首先，将Canon EOS 6D Mark Ⅱ的自动对焦模式设定为"人工智能伺服自动对焦"，然后选择希望合焦部位的对焦点进行合焦。

此外，在拍摄过程中，无论是因为手持拍摄导致身体的晃动，还是因为风吹导致花朵的晃动，利用Canon

EOS 6D Mark Ⅱ强大的自动对焦系统，都可以实现对所需合焦的位置保持持续对焦。

而"新百微"镜头由于有"双重IS"功能，可以对相机的倾斜抖动与平移抖动同时进行补偿。

因此，Canon EOS 6D Mark Ⅱ配合"新百微"镜头，能够保证即使手持拍摄微小的物体，也可得到清晰锐利的照片。

▲ 借助于 Canon EOS 6D Mark Ⅱ相机灵活的自动对焦系统，针对正在觅食的蝴蝶头部进行对焦，加上"新百微"镜头以及其具有的双重IS功能，即使在手持拍摄时发生了轻微的抖动，也可以拍出如此清晰的画面（焦距：100mm 光圈：F4.5 快门速度：1/320s 感光度：ISO200）

微距镜头推荐：佳能 EF 100mm F2.8 L IS USM

在微距摄影中，100mm 左右焦距的 F2.8 专业微距镜头被人称为"百微"，是各镜头厂商的必争之地。

从尼康的 105mm F2.8 镜头加入 VR 防抖功能开始，各"百微"镜头也纷纷升级加入各自的防抖功能。佳能这款"新百微"就是典型的代表之一，其双重 IS 影像稳定器能够在通常的拍摄距离下提供约相当于提高 4 挡快门速度的抖动补偿效果；当放大倍率为 0.5 倍时，能够获得约相当于提高 3 挡快门速度的手抖动补偿效果；当放大倍率为 1 倍时，能够获得约相当于提高 2 挡快门速度的抖动补偿效果，为手持微距拍摄提供了更大的保障。

这款镜头包含了 1 片对色像差有良好补偿作用的 UD（超低色散）镜片，优化的镜片位置和镀膜可以有效抑制鬼影和眩光的产生。为了保证能够得到漂亮的虚化效果，该镜头采用了圆形光圈，为塑造唯美的景深提供了必要保障。

镜片结构	12组15片
光圈叶片数	9
最大光圈	F2.8
最小光圈	F32
最近对焦距离（cm）	30
最大放大倍率	1
滤镜尺寸（mm）	67
规格（mm）	77.7×123
重量（g）	625

▼ （焦距：100mm 光圈：F7.1 快门速度：1/100s 感光度：ISO200）

焦距：18mm 光圈：F16 快门速度：1/400s 感光度：ISO100

Chapter 12

用滤镜为照片添色增彩

UV镜

U V 镜也叫"紫外线滤镜",是滤镜的一种,主要是针对胶片相机而设计的,用于防止紫外线对曝光的影响,提高成像质量和影像的清晰度。而现在的数码相机已经不存在这种问题了,但由于其价格低廉,已成为摄影师用来保护数码相机镜头的工具。因此强烈建议摄友在购买镜头的同时也购买一款 UV 镜,以更好地保护镜头不受灰尘、手印及油渍的侵扰。

▲ 在镜头前安装高质量的 UV 镜基本不会影响画质(焦距:85mm 光圈:F2 快门速度:1/100s 感光度:ISO200)

除了购买佳能原厂的 UV 镜外,肯高、HOYO、大自然及 B+W 等厂商生产的 UV 镜也不错,性价比很高。

绝大部分 UV 镜都是与镜头的最前端拧在一起的,而不同的镜头拥有不同的口径,因此,UV 镜也分为相应的各种口径,读者在购买时一定要注意了解自己所使用镜头的口径,口径越大的 UV 镜,价格也就越高。

偏振镜

什么是偏振镜

偏振镜也叫偏光镜或 PL 镜,在各种滤镜中,是一种比较特殊的滤镜,主要用于消除或减少物体表面的反光。由于在使用时需要调整角度,所以偏振镜上有一个接圈,使得偏振镜固定在镜头上以后,也能进行旋转。

▲ 肯高 67mm C-PL(W)偏振镜

偏振镜分为线偏和圆偏两种,数码相机应选择有"CPL"标志的圆偏振镜,因为在数码单反相机上使用线偏振镜容易影响测光和对焦。

偏振镜由很薄的偏振材料制作而成,偏振材料被夹在两片圆形玻璃片之间,旋拧安装在镜头的前端后,摄影师可以通过旋转前部改变偏振的角度,从而改变通过镜头的偏振光数量。旋转偏振镜时,从取景器或液晶显示屏上就会看到光线随着偏振镜的旋转时有时无,色彩饱和度也会随之发生强弱变化,当得到最佳视觉效果时,即可完成拍摄。

实拍应用:用偏振镜压暗蓝天

晴朗天空中的散射光是偏振光,利用偏振镜可以减少偏振光,使蓝天变得更蓝、更暗。加装偏振镜后所拍摄的蓝天,比使用蓝色渐变镜拍摄的蓝天要更加真实。因为使用偏振镜拍摄,既能压暗天空,又不会影像其余景物的色彩还原。

实拍应用：用偏振镜提高色彩饱和度

如果拍摄环境的光线比较杂乱，会对景物的色彩还原产生很大的影响。环境光和天空光在物体上形成的反光，会使景物的颜色看起来并不鲜艳。使用偏振镜进行拍摄，可以消除杂光中的偏振光，减少杂光对物体色彩还原的影响，从而提高物体的色彩饱和度，使其颜色显得更加鲜艳。

▲ 使用偏振镜拍摄得到高饱和度的画面，增添了画面的感染力（焦距：70mm　光圈：F6.3　快门速度：1/1600s　感光度：ISO400）

实拍应用：用偏振镜抑制非金属表面的反光

使用偏振镜拍摄的另一个优点是可以抑制被摄体表面的反光，例如拍摄水面、玻璃展柜、玻璃橱窗时，表面的反光有时会影响拍摄效果，使用偏振镜则可以削弱水面、玻璃，以及其他非金属物体表面的反光，从而拍出更清晰的影像。

▲ 在拍摄水面时，通过旋转偏振镜，可以控制水面反光的强弱

偏振镜使用注意事项

■ 需重新调整曝光参数：使用偏振镜后会阻碍光线的进入，大约相当于两挡光圈的进光量，故在使用偏振镜时，需要降低为原来1/4的快门速度，才能拍摄到与未使用时曝光相同的照片。

■ 避免出现偏振过度：使用偏振镜拍摄的深蓝色天空固然赏心悦目，但也可能出现偏振过度的情况，此时，拍摄出来的天空可能近乎黑色。因此，要使用影像回放功能来检查拍摄效果，并相应调整偏振镜的旋转角度。另外，有时为了拍出最佳效果，可能并不需要使用偏振镜，这点需要特别注意。

■ 关注偏振镜对水中倒影的影响：当拍摄的场景中有水景时，要特别注意使用偏振镜有可能影响倒影的效果，影响的程度将取决于相机与倒影表面之间的角度。摄影师必须确定，是要深色的蓝天、饱和的色彩，但水中倒影较差的效果，还是要倒影鲜明、天空的蓝色和色彩饱和度都较弱的效果。因此，使用偏振镜拍摄这样的场景时，要不断地旋转偏振镜，并在取景器中仔细观察画面效果。

■ 关注偏振镜对色彩饱和度的影响：使用偏振镜时，拍摄时间的选择对照片的色彩饱和度有很大影响，通常清晨和傍晚时分是最佳拍摄时间，此时太阳低垂，天空不易产生眩光，因此使用偏振镜能更容易地拍出饱和度高的照片。另外，以顺光拍摄出来的画面效果要比使用侧光或逆光的拍摄效果更好。

▼ 使用偏振镜拍摄的荷花，画面显得很干净，颜色也很鲜艳（焦距：35mm 光圈：F2.8 快门速度：1/400s 感光度：ISO100）

近摄镜与增距延长管

安装近摄镜与增距延长管均可提高普通镜头的放大倍率,从而使普通镜头具有媲美微距镜头的成像效果。

其中,近摄镜是一种类似于滤光镜的近摄附件,用其单独观察景物便如同一只放大镜,口径从 52mm 到 77mm 不等。

增距延长管是一种安装在镜头和相机之间的近摄用接环,由于增距延长管具有8个电子触点,因此安装后相机仍然可以自动测光、对焦。

增距延长管有两种厚度,EF 25 II是一种较厚的增距延长管,其放大倍率较高。需要注意的是,安装增距延长管后,合焦的范围将仅限于近摄区域,因此只能将距离较近的被摄体拍大,无法对距离相机较远的被摄体进行对焦拍摄。此外,最大放大倍率会随着使用的镜头不同而发生变化。

▲ 采用EF 50mm F1.8 II标准定焦镜头+EF 25 II增距延长管拍摄,最大放大倍率增加至约0.68倍,成像效果甚至能媲美微距镜头

▲ 采用 EF 50mm F1.8 II标准定焦镜头拍摄,最大放大倍率约为 0.15 倍。在拍摄较小的被摄体时,只能得到图示大小的成像效果

▲ 近摄镜　　　　　　　　　▲ 增距延长管及电子触点

中灰镜

什么是中灰镜

中灰镜即 ND（Neutral Density）镜，又被称为中性灰阻光镜、灰滤镜、灰片等。其外观类似于一个半透明的深色玻璃，通常安装在镜头前面用于减少镜头的进光量，以便降低快门速度。如果拍摄时环境光线过于充足，要求使用较低的快门速度，此时就可使用中灰镜来降低快门速度。

▲ 肯高 52mm ND4 中灰镜

中灰镜的规格

中灰镜分为不同的级数，常见的有 ND2、ND4、ND8 三种，分别代表可以降低 1 挡、2 挡和 3 挡快门速度。例如，在晴朗天气拍摄瀑布时，如果使用 F16 的光圈，得到的快门速度为 1/16 秒，这样的快门速度无法使水流虚化。此时可以安装 ND4 型号的中灰镜，或安装两块 ND2 型号的中灰镜，使镜头的通光量降低，从而降低快门速度至 1/4 秒，即可得到预期的画面效果。

中灰镜各参数对照表				
透光率 （p）	密度 （D）	阻光倍数 （O）	滤镜因数	曝光补偿级数 （应开大光圈的级数）
50%	0.3	2	2	1
25%	0.6	4	4	2
12.5%	0.9	8	8	3
6%	1.2	16	16	4

◄ 在光线充足的天气利用中灰镜拍摄流水，将快门速度降至 1/4s，起到延长曝光时间的作用，从而得到丝绸般的流水画面（焦距：14mm 光圈：F9 快门速度：1.6s 感光度：ISO100）

渐变镜

什么是渐变镜

渐变镜是一种一半透光、一半阻光的滤镜。由于此滤镜一半是完全透明的，而另一半是灰暗的，因此具有一半完全透光、一半阻光的作用，可以平衡画面的影调关系，是风光摄影必备滤镜之一。

渐变镜有各种颜色，从具有微妙色调的蓝色、珊瑚色和橙色，到具有人工色彩的红色、粉红色和烟草色，一应俱全。

在拍摄风景时，使用带有颜色的渐变镜有助于获得引人注目的效果。但前提是要确保安装正确，如果带有颜色的部分太靠下，渐变镜的涂色部分就会偏离到前景上，使拍摄出来照片前景处的景物被染色，从而破坏了照片的现实感。

不同形状渐变镜的优缺点

渐变镜有圆形与方形两种。圆形渐变镜是安装在镜头上的，使用起来比较方便，但由于渐变是不可调节的，因此只能拍摄天空约占画面50%的照片。在使用圆形渐变镜时，如果镜头不是内对焦或后对焦设计，那么在对焦过程中，前组镜片会发生移动，导致渐变的位置发生变化，此时就需要在对焦后再调整渐变的角度。

使用方形渐变镜时，需要买一个支架装在镜头前面才可以把滤镜装上，其优点是可以根据构图的需要调整渐变的位置。

▲ 安装圆形渐变镜的时候很方便，但是使用的时候要特别注意渐变的角度和位置

▲ 安装方形渐变镜的时候有些烦琐，但是使用的时候可以随心所欲地调整渐变区域，非常方便

◀ 使用渐变镜拍摄，天空和地面的曝光适中，画面看起来十分自然（焦距：14mm　光圈：F7.1　快门速度：1/2s　感光度：ISO100）

渐变镜的角度

圆形渐变镜是旋扣在镜头前面的，会随着镜头的旋转一同旋转，因此其与镜头的相对位置不会发生改变。

而如果使用插入式渐变夹来安装方形滤镜，则可以通过旋转渐变夹来改变渐变镜与镜头的相对位置。使用插入式渐变夹的另一个优点是，可以插入多片渐变镜，形成复杂的阻光效果。

当拍摄场景的地平线是倾斜的时候，只能通过调整滤光镜夹的方向与之匹配，避免渐变镜的渐变区域与前景重叠。因此，渐变镜的角度是否能够调整，对于拍摄风光照片而言非常重要。

▲ 利用插入式渐变夹安装的方形滤镜

安装渐变镜后的测光操作

虽然，渐变镜有阻光的作用，但在拍摄时还是应该在其安装的状态下进行测光，只有这样才能够使渐变镜发挥阻光的作用，从而平衡画面的光比。

实拍应用：在阴天使用中灰渐变镜改善天空影调

中灰渐变镜几乎是在阴天时唯一能够有效改善天空影调的滤镜。在阴天条件下，虽然密布的乌云显得很有层次，但实际上天空的亮度仍然远远高于地面，如果按正常曝光方法拍摄，画面中的天空会由于过曝而显得没有层次感。此时，如果使用中灰渐变镜，将深色的一端覆盖在天空端，则可以通过降低镜头的进光量来延长曝光时间，使云彩的层次得到较好的表现。

▶ 为了避免因长时间曝光而影响天空的层次，使用了中灰渐变镜，从而很好地表现出了雾化的海面及层次丰富的云层（焦距：14mm 光圈：F16　快门速度：20s　感光度：ISO100）

焦距：20mm 光圈：F13 快门速度：1/125s 感光度：ISO200

Chapter 13

Canon EOS 6D Mark II
高手实战准确用光攻略

光线的性质

根据光线的性质不同，可将其分为硬光和软光。由于不同光质的光线所表现出的被摄主体的质感不同，从而使画面产生不同的效果。

直射光、硬光

硬光通常是指由直射光形成的光线，这种光线直接照射到被摄物体上，具有明显的方向性，使被摄景物产生强烈的明暗反差和浓重的阴影，有明显的造型效果和光影效果，故而俗称"硬光"。在拍摄岩石、山脉、建筑等题材时常选择硬光。

▶ 以蓝天为背景拍摄山脉，由于直射光形成了强烈的明暗对比，因此将石头坚硬的质感表现得很突出（焦距：180mm 光圈：F9 快门速度：1/320s 感光度：ISO200）

散射光、软光

软光是由散射光形成的光线，其特点是光质比较软，产生的阴影也比较柔和，使画面成像细腻，明暗反差较小，非常适合表现物体的形状和色彩。

散射光比较常见，如经过云层或浓雾反射后的太阳光、阴天的光线、树荫下的光线、经过柔光板反射的闪光灯照射的光线等。散射光适合表现各种题材，拍摄人像、花卉、水流等题材时常选择散射光。

▲ 画面中的光线不是很明显，淡紫色的花卉在绿色背景的衬托下显得更加娇嫩、淡雅（焦距：60mm 光圈：F4 快门速度：1/500s 感光度：ISO320）

光线的类型

自然光

自然光是指日光、月光、天体光等天然光源发出的光线。自然光具有多变性，其造型效果会随着时间的改变而发生变化，主要表现在自然光的强度和方向等方面。

由于自然光是人们最熟悉的光线环境，所以在自然光下拍摄的人像照片会让观者感到非常自然、真实。但是，自然光不受人的控制，摄影师只能根据现场条件去适应。

虽然自然光不能从光的源头进行控制，但通过寻找物体遮挡或者寻找阴影处使用反射后的自然光，都是改变现有自然光条件的有效方法。风景、人像等多种题材均可以采用自然光拍摄以表现其真实感。

▲ 拍摄自然光下的风光时，虽然不能人工为大山、树木补光，但可以通过拍摄时间、拍摄角度、光线位置等来控制光线在画面中的表现（焦距：35mm　光圈：F14　快门速度：1/250s　感光度：ISO200）

人工光

人工光是指按照拍摄者的创作意图及艺术构思由照明器械所产生的光线，是一种使用单一或多光源分工照明完成统一光线造型任务的用光手段。

人工光的特征是，可以根据创作需要随时改变光线的投射方向、角度和强度等。使用人工光可以鲜明地塑造拍摄对象的形象，表现其立体形态及表面的纹理、质感，展示拍摄对象微妙的内心世界和本质，真切地反映拍摄者的思想情感和创作意图，体现环境特征、时间、现场气氛等，再现生活中某种特定光线的照明效果，从而形成光线的语言。

人工光在摄影中的应用十分广泛，如婚纱摄影、广告摄影、人像摄影、静物摄影等。

▶ 在灰色背景的衬托下，身着黑色衣服的模特营造出了一种暗调的氛围，侧面灯光照亮了模特，使其面部变得立体，而斜后上方的灯光照亮了头发，展现出漂亮的发色（焦距：50mm　光圈：F5.6　快门速度：1/160s　感光度：ISO200）

现场光

现场光是指在拍摄场景中存在的光线，不包括户外日光和拍摄者配置的人工光。复杂是现场光的重要特征，尤其是城市中的各类光源，会使拍摄场景的光线效果看上去复杂、缭乱。但利用现场光拍摄的照片看上去极其自然，具有真实感。

要注意的是，现场光通常在局部位置非常亮，而在其他位置又相对很暗，因此在拍摄时，建议使用 M 挡全手动模式，以一定的曝光组合进行拍摄，兼顾场景中较亮区域与较暗区域的细节，以免强烈的局部光源对整体的测光结果产生严重的影响，导致拍摄出的照片出现曝光过度等问题。舞蹈、演唱会等类型的拍摄题材，均可以采用现场光拍摄以还原现场气氛。

▲ 利用长时间曝光记录下夜间的景象，并将喷泉表现为水雾状，在没有全黑的天空衬托下，画面很有美感（焦距：135mm 光圈：F9 快门速度：6s 感光度：ISO800）

混合光

混合光是指人造光、自然光、现场光的混合光线，其中人造光主要用于为拍摄对象补光，而自然光或现场光则是为了保留画面的现场感，不会给人以主体被剥离在画面以外的感觉。

例如，在室内现场光源（如荧光灯）下，光线可能不够充足，此时最常用的方法就是使用闪光灯进行补光，即通过现场光与人造光的混合应用来照亮主体。需要注意的是，使用闪光灯时，通过降低它的输出功率来减弱闪光灯的强度，也能达到使室内、室外的色温基本一致的目的，不过拍摄结果会让室内环境微微偏色。人像、静物、微距等摄影题材常采用混合光拍摄。

▶ 在室外拍摄时，使用反光板可减弱顶光照射而产生的阴影，并提亮模特的面部，将其皮肤表现得更加白皙（焦距：135mm 光圈：F2.8 快门速度：1/500s 感光度：ISO100）

不同方向光线的特点

顺光

顺光也叫做"正面光"，指光线的投射方向和拍摄方向相同的光线。在这样的光线照射下，被摄体受光均匀，景物没有大面积的阴影，色彩饱和，能表现出丰富的色彩效果。但由于没有明显的明暗反差，所以对于层次和立体感的表现较差。但用顺光拍摄女性、儿童题材时，可以将其娇嫩的皮肤表现得很好。

▶ 在顺光的照射下，可以看出模特脸上没有明显的阴影，模特的皮肤被表现得更加白皙（焦距：85mm 光圈：F2.8　快门速度：1/100s　感光度：ISO100）

侧光

侧光是摄影中最常用的一种光线，侧光光线的投射方向与拍摄方向所成的夹角大于0°而小于90°。采用侧光拍摄时，被摄体的明暗反差、立体感、色彩还原、影调层次都有较好的表现。其中又以45°角的侧光最符合人们的视觉习惯，因此是一种最常用的光位。侧光很适合表现山脉、建筑、人像的立体感。

▲ 侧光下的建筑物不仅立体感很强，其结构特征也很突出，画面看起来很有形式美感（焦距：35mm　光圈：F10　快门速度：1/500s　感光度：ISO100）

前侧光

前 侧光是指光线投射方向与镜头光轴方向呈水平45°左右角度的光线。在前侧光的照射下，被摄对象的整体影调较为明亮，但相对顺光光线照射而言，其亮度较小，被摄对象部分受光，且有少量的投影，对于其立体感的呈现较为有利，也有利于使被摄对象形成较好的明暗关系，并能较好地表现出其表面结构和纹理的质感。使用前侧光拍摄人像或风光时，可使画面看起来很有立体感。

▲ 采用前侧光拍摄人像，光线会使人物面部形成适当的明暗反差，起到了增强模特面部立体感的作用，使画面的立体效果更加突出（焦距：80mm 光圈：F5 快门速度：1/400s 感光度：ISO200）

逆光

逆光也叫做背光，即光线照射方向与拍摄方向正好相反，因为能勾勒出被摄体的亮度轮廓，所以又被称为轮廓光。逆光常用来表现人像（拍摄时通常需要补光）、山脉、建筑的剪影效果，采用这种光线拍摄有毛发或有半透明羽翼的昆虫时，能够形成好看的轮廓光，从而将被摄主体很好地衬托出来。

采用逆光拍摄火烈鸟时，对着天空较亮处测光，可将地面的景物呈现为剪影效果，画面简洁、明朗且富有艺术美感（焦距：70mm 光圈：F7.1 快门速度：1/1000s 感光度：ISO125）

侧逆光

侧逆光是指光线投射方向与镜头光轴方向呈水平135°左右角度的光线。由于采用侧逆光拍摄时无须直视光源，因此摄影师可以集中精力考虑如何避免眩光的出现，曝光控制也更容易一些。同时，在侧逆光照射下形成的投影形态也是画面构图的重要视觉元素之一。

投影的长短不仅可以表现时间概念，还可以强化空间立体感并均衡画面。在侧逆光照射之下，景象往往会形成偏暗的影调效果，多用于强调被摄体外部轮廓的形态，同时也是表现物体立体感的理想光线。侧逆光常用来表现人像（拍摄时通常需要补光）、山脉、建筑等题材的轮廓。

▶在暖暖的侧逆光笼罩下，画面呈现出温馨的暖色调，将模特漂亮的直发表现得更加好看（焦距：85mm　光圈：F2.8　快门速度：1/400s　感光度：ISO200）

顶光

顶光是指照射光线来自于被摄体的上方，与拍摄方向成90°角度的光线，是戏剧用光的一种，在摄影中单独使用的情况不多。尤其在拍摄人像时，会在被摄对象的眉弓、鼻底及下颌等处形成明显的阴影，不利于表现被摄人物的美感。但如果拍摄时光源并非在其正上方，而是偏离中轴一定的距离，则可以形成照亮头发的顶光，通过补光也可以拍摄出不错的人像作品。顶光还可用来表现树冠和圆形建筑的立体感。

▶顶光下的沙滩画面，排列有序的凉棚与地面上的阴影构成了有趣的画面（焦距：70mm　光圈：F8　快门速度：1/1000s　感光度：ISO100）

营造迷人的光影效果

摄影就是光影的艺术，只有摄影高手才能够营造出迷人的光影效果，使画面富有摄影的光影之趣。

光与影同等重要

光是明亮的，影是黑暗的。对于摄影师而言，光与影同等重要，有光无影的画面显得轻浮，有影无光的画面显得淤积、闭塞。在摄影中如果能够艺术地运用光与影，就能使画面有更强的表现力。"影"在画面中可能以阴影、剪影、投影 3 种形态存在。

▲ 采用逆光拍摄，可将太阳的光芒表现得十分耀眼，而人物的剪影则使画面变得光影交错、充满情趣（焦距：200mm 光圈：F8 快门速度：1/1000s 感光度：ISO400）

用阴影平衡画面

通过构图使画面中出现大小不等、位置不同的阴影，可以使画面的明亮区域与阴暗区域看起来更加平衡，从而使画面中的视觉焦点显得更加突出。

▶ 由于天空中没有云彩，因此减少天空的面积并增加山体的剪影可避免画面看起很空荡，而前景中撒渔网的渔民也平衡了水面的空白（焦距：100mm 光圈：F8 快门速度：1/1250s 感光度：ISO100）

用阴影为画面做减法

画面中杂乱的元素往往会分散观者的注意力，通过控制画面中的光影和明暗，可以达到去除多余视觉元素的目的。在拍摄时，首先要了解在当前光线与照射角度下，拍摄场景中的什么位置会出现怎样的阴影，并考虑好哪些画面构成元素可以隐藏在阴影中，然后使用点测光对准画面中明亮的部分测光，从而夸大画面中的阴影效果，达到突出主题、掩盖多余元素的目的。

▶在拍摄大太阳时，对天空中较亮的地方测光，以剪影的形式简化画面，不仅使画面很有形式美感，也使太阳显得更加突出（焦距：300mm 光圈：F8 快门速度：1/1250s 感光度：ISO100）

用阴影增强画面的透视感

阴影有增强画面透视感的作用，当阴影从画面的深处延伸至画面前景时，这种近大远小的透视规律会使画面的空间感和透视感更强。

▶把大树的影子纳入画面，画面的透视感变得更为强烈（焦距：26mm 光圈：F8 快门速度：1/800s 感光度：ISO100）

用投影为画面增加形式美感

在采用侧光拍摄成排的树木、栏杆时，光和影就会在画面中交错出现，使画面显得更有形式美感。例如，一排整齐的栏杆投下的阴影，由于画面中明暗之间有规律地交替变化，从而给人以视觉上递进的愉悦感。

▶ 使用小光圈拍摄，树木的倒影呈条状映在地上，大大地增强了画面的形式美感（焦距：28mm 光圈：F16 快门速度：1/125s 感光度：ISO100）

用剪影为画面增加艺术魅力

在影子的三种形态中，剪影无疑是最有形式美感的，因为剪影是由实体轮廓形成的，因此更容易使观众产生联想，剪影画面也显得更有意境与想象空间。

拍摄剪影并不难，难的是能否发现漂亮的剪影，一个比较实用的技巧是，在逆光下眯起眼睛观察主体，通过减少进入眼睛的光线，将被摄对象模拟为剪影效果，从而更快、更好地发现剪影。

拍摄剪影时要注意的是，如果拍摄的是多个主体，不要让剪影之间产生太大的重叠，以避免由于重叠产生新的剪影轮廓形象，导致观者无法分辨清楚，从而使剪影失去可辨性。当然，如果能使两个或两个以上的剪影在画面中合并成为一个新的形象，那将是非常有趣的画面效果。

▲ 采用逆光拍摄，将沙漠上的骆驼队伍呈现为剪影，画面充满了艺术感染力（焦距：200mm 光圈：F11 快门速度：1/1000s 感光度：ISO100）

Chapter 14

Canon EOS 6D Mark Ⅱ
高手实战完美构图攻略

焦距：22mm 光圈：F7.1 快门速度：1/20s 感光度：ISO200

简约至上

摄影和绘画不同，就构图和取景而言，绘画表现景物往往用加法，用颜色一笔一笔地在白纸上画上美的景物；而摄影则是用减法，需要想方设法避开杂乱无章的景物，然后再将主体摄入画面。因此，要想拍摄出简约的画面效果，就要掌握和运用好减法。

只有简约的画面，才能够使欣赏者的视线集中在画面主体上，心无旁骛地充分理解摄影师要表达的主题。

如果能够做到以下两点，就能够拍摄出这样的好照片：

■精选主体和陪体，避开周围一切与主体无关的景物。

■选择和处理好背景，通过视角或摄影手法使背景尽可能地简洁、纯净。

▲ 海边的岩石有引导视线的作用，而简单的构图也将海天一色的宁静感很好地表现了出来（焦距：18mm　光圈：F8　快门速度：10s　感光度：ISO100）

均衡画面

世界上的绝大多数物体在心理上给人的感觉是平衡、对称的，例如人的身体、蝴蝶的翅膀、八仙桌、国家大剧院建筑等。

在观赏摄影作品时，欣赏者也会从潜意识中希望画面是平衡的，从而获得舒适的心理感受。

但由于摄影作品是二维静止的有限画面，因此要使其呈现出平衡、对称的效果是比较困难的，必须通过一定的拍摄手法才能使画面看上去是均衡的。

这种均衡实际上依托于画面景物的视觉质量，例如，深色的景物感觉重，位于画面下方的物体感觉重，近处的景物感觉重，有生命的拍摄对象感觉重，等等。

通过构图手法，合理安排不同视觉质量景物的位置，就能够使画面看起来是均衡的，从而使欣赏者获得平衡、稳定的视觉感受。

▲ 由于透视的原因，近处的石头显得很大，而远处的山则在画面中显得很小，通过大小对比使画面前后呼应、远近平衡（焦距：17mm　光圈：F14　快门速度：1s　感光度：ISO50）

利用画面视觉流程引导视线

什么是视觉流程

在摄影作品中，摄影师可以通过构图技术，引导观者的视线在欣赏作品时跟随画面中的景象由近及远、由大到小、有主及次地欣赏，这种顺序是基于摄影师对照片中景物的理解，并以此为基础将画面中的景物安排为主次、远近、大小、虚实等的变化，从而引导欣赏者第一眼看哪儿，第二眼看哪儿，哪里多看一会儿，哪里少看一会儿，这实际上也就是摄影师对摄影作品视觉流程的规划。

一个完整的视觉流程规划，应从选取最佳视域、捕捉欣赏者的视线开始，然后是视觉流向的诱导、行程顺序的规划、安排，最后到欣赏者视线停留的位置为止。

▼ 水流向大海的痕迹不仅将观者的视线引向画面深处，也增加了画面的空间感（焦距：18mm　光圈：F8　快门速度：1/250s　感光度：ISO100）

利用光线规划视觉流程

高光

创作摄影作品时，可以充分利用画面的高光，将观者的视线牢牢地吸引住。金属器件、玻璃器皿、水面等都能够在合适的光线下产生高光。

如果扩展这种技法，可以考虑采用区域光（也称局部光）来达到相同的目的。例如，在拍摄舞台照片时，可以捕捉追光灯打在主角身上，而周围比较暗的那一刻。在欣赏优秀风光摄影作品时，也常见几缕透过浓厚云层的光线照射在大地上，从而获得具有局部高光的佳片，这些都足以证明这种拍摄技法的有效性。

▲ 天空中夕阳的亮光是画面的视觉中心，放射状的线条很容易将观者的注意力吸引到此处
（焦距：18mm　光圈：F14　快门速度：1/1250s　感光度：ISO100）

光束

由于空气中有很多微尘，所以光在这样的空气中穿过时会形成光束。例如，透过玻璃从窗口射入室内的光线、透过云层四射的光线、透过树叶洒落在林间的光线、透过半透明顶棚射入厂房内的光线、透过水面射入水中的光线等都有明确的指向，利用这样的光线形成的光束能够很好地引导观者的视线。

如果在此基础上进行扩展，使用慢速快门拍摄的车灯形成的光轨、燃烧的篝火中飞溅的火星形成的轨迹、星星形成的星轨等都可以归入此类，在摄影创作时都可以加以利用。

▲ 光线透过树林照射过来，形成有张力视觉效果的光束，奇幻的光线将画面渲染得非常漂亮（焦距：24mm　光圈：F13　快门速度：1/100s　感光度：ISO125）

利用线条规划视觉流程

线条是规划视觉流程时运用最多的技术手段，按照虚实可以把线条分为实线与虚线。此外，根据线条是否闭合，可将其分为开放线条与封闭线条。

视线

当照片中出现人或动物时，观者的视线会不由自主地顺着人或动物的眼睛或脸的朝向观看，实际上这就是利用视线来引导欣赏者的视觉流程。

在拍摄这类作品时，最好在主体的视线前方留白，不但可以使主体得到凸显和表达，还可以为观者留下想象空间，使作品更耐人寻味。

▶观者的视线会随着模特的眼神望向其手中的化妆盒，起到视觉引导的作用（焦距：28mm 光圈：F2.5 快门速度：1/160s 感光度：ISO250）

景物线条

任何景物都有线条存在，例如，无论是弯曲的道路、溪流，还是笔直的建筑、树枝、电线杆，都会在画面中形成有指向的线条。这种线条不仅可以给画面带来形式美感，还可以引导观者的视线。这种在画面中利用实体线条来引导观者视线的方式是最常用的一种视觉引导技法。

▲利用地面蜿蜒的溪流将观者的视线引向远处的山脉，画面的整体感很强（焦距：27mm 光圈：F8 快门速度：1/80s 感光度：ISO100）

必须掌握的14种构图法则

高水平线构图

高 水平线构图是指画面中主要水平线的位置在画面靠上 1/4 或 1/5 的位置，重点表现水平线以下部分，例如大面积的水面、地面等。

▲ 水平线处于画面的上 1/4 处，给人一种视野格外开阔的视觉感受

中水平线构图

中水平线构图是指画面中的水平线居中，以上下对等的形式平分画面，采用这种构图形式的目的通常是为了拍摄到上下对称的画面。

▲ 伸向大海的岩石有丰富画面的作用，而中间位置的水平线则增强了大海的宁静感

低水平线构图

低水平线构图是指画面中主要水平线的位置在画面靠下 1/4 或 1/5 的位置，采用这种水平线构图的目的是为了重点表现水平线以上部分，例如大面积的天空。

▲ 将水平线放置在画面的下 1/4 处，使画面的表现重点集中于天空中变化莫测、层次丰富的云彩上

垂直线构图

垂直线构图也称为竖向构图，画面主要由呈垂直的竖向线条构成，给人以坚定、挺拔、向上的视觉感受，常被用于表现高大的楼体、细长的树木或向上伸直的柱子等。另外，当多条竖向线平行存在于画面中时，在视觉上较易产生上下延伸感与形式感。

▲ 垂直线构图增强了画面中树木的上下纵深感，使其倍显高大

三分法构图

三分法构图实际上是黄金分割构图形式的简化版，是指以横竖三等分的比例分割画面后，当被摄对象以线条的形式出现时，可将其置于画面的任意一条三分线位置。这种构图形式能够在视觉上带给人愉悦和生动的感受，避免主体居中而产生的呆板感。

Canon EOS 6D Mark Ⅱ相机的取景器提供了可用于进行三分法构图的网格线显示功能，我们可以将它与黄金分割曲线完美地结合在一起使用。

▶采用三分法构图拍摄人物，画面简洁，主体突出且不失平衡（焦距：200mm　光圈：F2.2　快门速度：1/800s　感光度：ISO200）

曲线构图

曲线构图是指画面主体呈曲线形状，从而使画面获得视觉美感和稳定感的一种构图形式。

在风景摄影中，曲线构图可以使画面充满动感和趣味性；在人像摄影中，曲线构图多用来表现女性柔美的身体线条。

▶曲线很适合表现女性婀娜的身姿和柔美的气质，画面具有很强的吸引力（焦距：40mm　光圈：F5.6　快门速度：1/320s　感光度：ISO100）

斜线构图

斜线构图能使画面产生动感，并沿着斜线两端产生视觉延伸，从而增强画面的纵深感。另外，斜线构图打破了与画面边框相平行的均衡形式，与其产生势差，从而使斜线部分在画面中被突出和强调。

在拍摄时，摄影师可以根据实际情况，刻意将在视觉上需要被延伸或者被强调的拍摄对象处理成为画面中的斜线元素加以呈现。

▲ 利用斜线构图拍摄水面上的桥，斜线使画面极具动态延伸感，并且也起到了增强画面纵深感的作用（焦距：24mm　光圈：F22　快门速度：1/160s　感光度：ISO200）

折线构图

顾名思义，折线构图是指画面中的主体呈折线形状的构图形式，常见的折线构图形式有 L 形构图、Z 形构图等。

采用 L 形构图时，画面中的构图元素不要太多，最好在画面中留出一定的空间，以便突出主体、说明主题。Z 形构图也是一种可以使画面呈现动感的构图方式，并且 Z 形构图也具有一定的方向性，可以起到引导视线走向的作用。

▲ 仰视拍摄大桥，桥的边缘呈现出字母"L"的形状，这样的折线构图起到了牵引观者视线的作用（焦距：18mm　光圈：F9　快门速度：1/60s　感光度：ISO100）

三角形构图

三角形形态能够带给人向上的突破感与稳定感，将其应用到构图中，会使画面呈现出稳定、安全、简洁、大气的效果。在实际拍摄中会遇到多种三角形构图形式，例如正三角形构图、倒三角形构图等。

正三角形构图相对于倒三角形构图来讲更加稳定，能够带给人一种向上的力度感，在着重表现高大的三角形对象时，更能体现出其磅礴的气势，是拍摄山峰常用的构图形式。

▲ 使用正三角形构图拍摄大山，充分表现出了大山稳定的美感和宏伟的气势（焦距：70mm 光圈：F10 快门速度：1/500s 感光度：ISO100）

倒三角形在构图中的应用较为新颖，与正三角形构图相比，其稳定感不足，但更能体现出一种不稳定的张力，一种视觉及心理的压迫感。

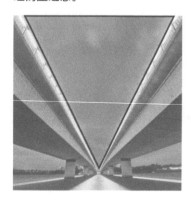

▶ 利用倒三角形构图低角度拍摄大桥，不仅拍摄视角很新奇，画面看起来也很有视觉冲击力（焦距：24mm 光圈：F5 快门速度：1/2s 感光度：ISO500）

框式构图

框式构图是指借助于被摄物自身或周围的环境，在画面中制造出框形的构图方法，这种方法可以集中观者的视线，突出画面中的主体。在拍摄山脉、建筑、人像时常用这种构图形式。

▲ 摄影师利用地质构造本身的孔洞作为前景进行拍摄，把景物框在其中，目的是将观者的视线聚焦到此处，使画面中的主体显得更加突出（焦距：45mm　光圈：F10　快门速度：1/400s　感光度：ISO100）

对称式构图

对称式构图是指画面中的两部分景物，以某一根线为轴，在大小、形状、距离和排列等方面相互平衡、对等的一种构图形式。现实生活中的许多物体或景物都具有对称的结构，如人体、宫殿、寺庙、鸟类、蝴蝶的翅膀等。

▲ 水面的倒影使画面呈现为对称构图形式，在丰富画面色彩的同时，也使照片看起来更加稳定、安宁（焦距：100mm　光圈：F9　快门速度：1/100s　感光度：ISO100）

散点式构图

散点式构图是指将呈点状的被摄体集中在画面中的构图方式，其特点是形散而神不散。散点式构图常用于以俯视角度拍摄遍地的花卉，还可以用于拍摄草原上呈散点分布的蒙古包、牛、羊等。

▲ 采用散点式构图拍摄天空中飞翔的鸟儿，以此来展现鸟儿的一种生活方式。排成倒人字形的鸟群使画面充满了韵律与灵动感（焦距：450mm 光圈：F5.6 快门速度：1/2000s 感光度：ISO1000）

透视牵引构图

透视牵引构图是指利用画面中景物的线条形成透视效果的构图方法，画面中的线条不仅对视线具有引导作用，还可以增强画面的空间感。在拍摄道路、河流、桥梁时，常采用这种构图形式。

▲ 栈桥的铁链不仅丰富了画面的元素，也将观者的视线引向了远处的城市（焦距：20mm 光圈：F8 快门速度：1/60s 感光度：ISO100）

辐射式构图

辐射式构图即指通过构图使画面具有类似于自行车车轮辐条辐射效果的构图手法。辐射式构图通常有两种类型，一是向心式构图，即主体在画面的中心位置，四周的景物或元素向中心汇聚；二是离心式构图，即四周的景物或元素背离中心扩散开来，使画面呈现舒展、分裂、扩散的效果。

▲ 以特写的形式拍摄花卉，花瓣呈现出从花蕊向四周扩散的状态，因而形成了辐射式构图（焦距：105mm 光圈：F11 快门速度：1/125s 感光度：ISO200）

Chapter 15

Canon EOS 6D Mark II

风光摄影高手实战攻略

必须掌握的风光摄影理念

只用一种色彩拍摄有情调的风光照片

只有一种色彩的画面是指仅仅利用某一种颜色的不同明暗来表现现实的世界，这类照片常用于表现特别的情调，黑白照片是最经典的单色照片。虽然彩色照片是摄影创作的主流，但没有人怀疑黑白照片的魅力。

在实际拍摄中，也可以利用当时天气的特点营造这种效果。例如，日落时分采用强烈的逆光拍摄，能够获得不错的单色风光照片，这种光线能降低色彩饱和度，营造出一种几近单色调的画面效果。

▲ 太阳的光芒将天空和水面都染成了红色，整个画面呈现为热情的暖色调，看起来十分壮观（焦距：145mm 光圈：F9 快门速度：1/2500s 感光度：ISO200）

▼ 太阳的光芒将天空和海面都染成了橙色，整个画面呈现为热情的暖色调，给人以温馨之感（焦距：70mm 光圈：F11 快门速度：1/400s 感光度：ISO200）

拍摄质朴无华、细节生动的黑白风光照片

黑白风光照片是典型的质朴胜华丽、含蓄胜张扬的类型，其魅力在于单纯、宁静、内敛，因此在彩色摄影大行其道的今天，仍然有许多摄影爱好者对黑白风光照片情有独钟。

拍摄一张漂亮的黑白风光照片，比拍一张普通的彩色风景照片更具挑战性，因为黑白照片需要更多层次的影调细节，否则画面就会缺乏对比。

例如，在拍摄天空时，尽量不要选择纯蓝的天空，因为照片被转换成黑白画面后往往都是乏味的灰影。可以寻找变化多端的天空，特别是带有漂亮云层的天空，这样画面中就会出现丰富的阴影和高光部位，能明显区分前景和背景。因此，乌云翻滚的天空更能给画面增添戏剧性与看点。

另外，要尽量选择质感不同的场景，从而得到层次丰富的画面。例如，虽然沙滩、悬崖是不同的景物，但它们在黑白照片中的影调和质感非常相似，因此看上去就会显得呆板、乏味。

在构图时要多利用线条，因为画面中缺少了色彩，构图就成为画面成败的关键因素。

拍摄黑白照片的通用方法是，先拍出彩色风景照片，然后通过后期处理转换为黑白照片。因此，在拍摄之前摄影师就必须预想出来，拍摄的画面被转换为黑白照片后的效果。另外，摄影师的后期处理水平也是决定作品成败的重要因素。

▼ 选择清晨雾气缭绕的时刻拍摄带有光束效果的黑白照片是个不错的选择，在雾气的作用下，画面层次细腻、丰富，同时光束效果可使画面的纵深感更强，给人非常大气的感觉（焦距：35mm 光圈：F13 快门速度：1/125s 感光度：ISO100）

使风光照片有最大景深

幅漂亮的风光摄影作品通常要求画面整体都要很清晰，即从前景到背景的景物都应十分清晰。要做到这一点，在选择镜头时，应首选广角镜头，因为广角镜头比长焦镜头能获得更大的景深，而使用小光圈则比使用大光圈拍摄出来的画面景深更大。

除此之外，准确对焦也十分重要。对于一幅风光照片而言，通常焦点后的景深要比焦点前的景深大。因此，若想使景深最大化，一个简单的方法就是把焦点设置在画面的三分之一处。

更准确的方法是使用超焦距技术，即利用镜身上的超焦距刻度或厂家提供的超焦距测算表，通过旋转变焦环，将焦点设置在某一个位置，这样画面的清晰范围就会达到最大。例如，针对一支 35mm 的定焦镜头而言，当使用 F16 的光圈拍摄时，其超焦距为 2.8m，此时其景深范围是从 1.4m 至无穷远，

意味着只要在拍摄时将合焦位置安排在距离相机 2.8 米的位置，就能够获得使用此光圈拍摄时的最大景深，即 1.4m 至无穷远。

定焦镜头在确定超焦距时比较容易，利用镜头的景深标尺，将镜筒上标示的正确光圈值与无限远符号连线即可。由于变焦镜头上没有景深标尺，所以就需要使用镜头厂家提供的超焦距图表来对对焦距离进行合理的估计。

需要注意的是，通常在使用超焦距对焦时，如果对焦在画面的三分之一处，就会发现取景器中的影像变得不够清楚，这实际上仅仅是观看效果，因为取景器中的照片总是以最大光圈来显示场景的，因此，在拍摄前应该用景深预览按钮进行查看，以确定对焦位置是否正确，场景的清晰度是否达到了预期要求。

▼ 使用小光圈拍摄，将焦点放在画面的前三分之一处，近处和远处的景物都得到了清晰的呈现，看起来视野更加开阔（焦距：35mm 光圈：F10 快门速度：1/1250s 感光度：ISO200）

赋予风景画面层次感

在拍摄风光照片时，丰富的层次能够很好地表现画面的纵深感。在表现画面层次时，可利用景物重叠的形状或采用强烈的侧光拍摄时得到的不同光影带，形成有渐变的"光层"效果来营造画面的层次。在拍摄时，借助于长焦镜头很容易得到这样的画面效果，因为长焦镜头具有压缩画面空间的作用，在侧逆光的照射下，层层叠叠的景物之间会形成明暗交界的效果，从而使画面呈现出较强的立体感。

但要注意的是，由于长焦镜头拍出的画面景深很小，因此，当拍摄对象处在前景或靠近画面的中间位置时，应尽量使用较小的光圈（比如 F16），避免背景被虚化而使画面缺少层次感。

▲ 使用长焦镜头拍摄的雪山，画面的叠加效果明显，层次丰富，也拉近了观者和雪山之间的距离（焦距：200mm 光圈：F13 快门速度：1/320s 感光度：ISO400）

找到天然画框突出主体

为汇聚观者的视线，让其更关注重点表现的主体景物，一个比较常用的构图"诀窍"是使用拱门、门道、窗户或悬垂的树枝等来框住远处要表现的主体景物。

为避免"画框"喧宾夺主，应小心控制画面不同部分的清晰程度，高度失焦的树叶能使观者的注意力集中在主要景物上，而略带柔焦的树叶可能会分散观者的注意力。

▲ 在野外拍摄时，借助于天然的山体框架可以起到集中视线的作用（焦距：100mm 光圈：F9 快门速度：1/800s 感光度：ISO100）

关注光圈衍射效应对画质的影响

由于拍摄时使用的光圈越小，画面的景深就越大，因此，在表现大景深的画面时一般建议使用非常小的光圈，比如F16或F22。但要注意的是，光圈收得过小会影响画面的清晰度，这是因为光圈衍射的缘故。

衍射是指当光线穿过镜头光圈时，镜头孔边缘会分散光波。光圈收得越小，在被记录的光线中衍射光所占的比例就越大，画面的细节损失就越多，画面就越不清楚。

衍射效应对APS-C画幅数码相机和全画幅数码相机的影响程度稍有不同。通常APS-C画幅数码相机在光圈收小到F11时，就会发现衍射对画质产生了影响；而全画幅数码相机在光圈收小到F16时，才能够看到衍射对画质的影响。

▲ 使用较小的光圈可减少画面中的噪点，从而得到清晰的风景画面（焦距：21mm 光圈：F8 快门速度：1/60s 感光度：ISO320）

利用前景使风光照片有纵深感

现实世界是三维的，而照片是二维的，许多风光照片拍摄失败的主要原因是，在照片中无法传达出观众所希望看到的纵深感、立体感。

要解决这个问题，需要在画面中纳入更多的前景，并使用广角镜头进行拍摄，以便对靠近镜头的部分进行夸张性的展现，从而通过强烈的透视效果来突出前景，为眼睛创造一个"进入点"，将观者"拉入"场景中，通过前景与主体的大小对比形成明显的透视效果，使照片的纵深感更强。

为了避免中距离的景色看上去空洞和缺乏趣味，应尽量采用低视点拍摄，以压缩画面中前后景物的距离，使画面中不会出现太多的空白空间。在拍摄时应选择小光圈，以获得最大的景深，使前景和远处的景物都能清晰成像。

▶ 海边的岩石向大海的深处延伸，这样的构图将大海无边无际的气势表现得尤为突出（焦距：17mm 光圈：F20 快门速度：1/20s 感光度：ISO50）

风光摄影中人或动体的安排

在风光摄影中,人或动体往往能对画面起到陪衬等多方面的作用,因此花上很长时间等待人、小船、马车、家禽等适合拍摄的动体出现是非常值得的。不过,动体却并不一定专指那些实际在运动的物体,雨伞、锄头、钓竿等生活用具和劳动工具,也可在风光摄影中大显身手。

人或动体既能活跃画面,又能突出表现风光的环境特征,有助于主题的表达。例如,一池碧水中游弋的三两只鸭子能带来"春江水暖鸭先知"的意境,可以更好地烘托春天这个主题。

▲ 拍摄时将轮船纳入画面,通过对比来表现水面的宽阔气势(焦距:17mm 光圈:F8 快门速度:1/640s 感光度:ISO200)

风光摄影中的人或动体一般是作为陪体出现的,因此在画面中所占比例不宜过大,以免喧宾夺主。但是,在直接以动体为主题的风光作品中,可将人或动体表现得稍大一些,或置于画面的显要位置,大小以不影响风景的表现为宜。

在风光摄影中,人或动体往往还在画面中起到对比的作用。如拍摄某些景物时,加入几个人作为陪衬,画面便有了比例,可以衬托出景物的高大和开阔。另外,在彩色摄影中,也可利用人或动体与画面主体形成的色调对比,使画面色彩富有变化。

但并不是任何风光摄影作品都需要人或动体来陪衬的,拍摄时应根据拍摄主题和现场情况而定。此外,根据拍摄者的构思而安排的人或动体都必须有助于表现拍摄主题。

山峦摄影实战攻略

从不同的角度来表现山峦

拍摄山峦最重要的是要把其雄伟壮阔的整体气势表现出来。"远取其势,近取其貌"的说法非常适合拍摄山峦。要突出山峦的气势,就要尝试从不同的角度去拍摄,如诗中所说"横看成岭侧成峰,远近高低各不同",所以必须寻找一个最佳的拍摄角度。

采用最多的拍摄角度无疑还是仰视,以表现山峦的高大、耸立。当然,如果身处山峦之巅或较高的位置,则可以采取俯视的角度表现一览众山小之势。

另外,平视也是采用较多的拍摄角度,采用这种视角拍摄的山峦比较容易形成三角形构图,从而表现其连绵起伏的气势和稳重感。

▲ 选择平视角度拍摄,很好地表现出了山峦连绵壮阔的气势(焦距:17mm 光圈:F9 快门速度:1/320s 感光度:ISO400)

▼ 俯视拍摄大山使画面有一种透视感,可以看到更宽广的景色,使观者体验到"一览众山小"的气势(焦距:35mm 光圈:F10 快门速度:1/20s 感光度:ISO100)

用云雾衬托出山脉的灵秀之美

山与云雾总是相伴相生，各大名山的著名景观中多有"云海"，例如黄山、泰山、庐山，都能够拍摄到很漂亮的云海照片。云雾笼罩山体时，其形体就会变得模糊不清，在隐隐约约之间，山体的部分细节被遮挡，在朦胧之中产生了一种不确定感，拍摄这样的山脉，会使画面呈现出一种神秘、缥缈的意境。此外，由于云雾的存在，使被遮挡的山峰与未被遮挡的部分形成了虚实对比，从而使画面更具欣赏性。

■ 如果只是拍摄飘过山顶或半山的云彩，只需要选择合适的天气即可，高空的流云在风的作用下，会与山产生时聚时散的效果，拍摄时多采用仰视的角度。

■ 如果以蓝天为背景，可以使用偏振镜，将蓝天拍得更蓝一些。

■ 如果拍摄的是乌云压顶的效果，则应该注意做负向曝光补偿，以对乌云进行准确曝光。

■ 如果拍摄的是山间云海的效果，应该注意选择较高的拍摄位置，以至少平视的角度进行拍摄，在选择光线时应该采用逆光或侧逆光拍摄，同时注意对画面做正向曝光补偿。

▼ 这4张照片虽然拍摄的是不同的山峰，但具有相同的特色，即均属于用云雾为画面营造气氛的类型，画面均有一种神秘、缥缈的意境

用前景衬托环境的季节之美

在不同的季节里，山峦会呈现出不一样的景色。春天的山峦在鲜花的簇拥之中显得美丽多姿；夏天的山峦被层层树木和小花覆盖，显示出了大自然强大的生命力；秋天的红叶使山峦显得浪漫、奔放；冬天山上大片的积雪又让人感到寒冷和宁静。可以说四季之中，山峦各有不同的美感。

因此，在拍摄山脉时要有意识地在画面中安排前景，配以其他景物如动物、树木等作为陪衬，不但可以借用四季的特色美景，使画面更具有立体感和层次感，而且可以营造出不同的画面气氛，增强作品的表现力。

例如，可以根据当时拍摄的季节，将树木、花卉、动物、绿地、雪地等景物安排成为前景。

▲ 前景中的樱花不仅美化了画面，增强了画面的空间感，同时也很好地展现出了春季欣欣向荣的特点（焦距：28mm　光圈：F11　快门速度：1/20s　感光度：ISO100）

▼ 黄色树木作为画面的前景，交代了照片是在秋天拍摄的同时，也增加了画面的空间感，使雪山看起来更具立体感（焦距：30mm　光圈：F8　快门速度：1/500s　感光度：ISO100）

利用大小对比突出山的体量感

古诗云"不识庐山真面目，只缘身在此山中"，从中可知要想拍出山的整体效果，就要在山的外围或另外的山顶处拍摄，这样才能以更宽广的视角观察和拍摄山脉。

而只找到合适的拍摄角度是远远不够的，想要表现山的雄伟气势及壮观效果，最好的方法就是在画面中加入人物、房屋、树木等人们已熟知的物体，作为参照物来衬托山体，从而通过以小衬大的对比手法，使观者能够很容易地体会到山的体量。

另外，在拍摄时，应注意对比元素的大小及在画面中出现的位置，恰当的构图也是突出山的体量的重要因素之一。

▲ 草地上的羊群与远景处的雪山形成了强烈的大小对比，从而突出了大山的巍峨（焦距：20mm　光圈：F10　快门速度：1/500s　感光度：ISO200）

三角形构图表现山体的稳定

三角形被认为是最稳定的图形，能够给人一种稳定、雄伟、持久的感觉。当三角形正立时，由于这种图形不会倾倒，所以经常用于表现山脉的稳定感。

此外，由于三角形的两边呈现陡峭的上升趋势，因此使用这种构图形式可以表现山脉的势差。

使用这种构图形式拍摄山体时，最好通过构图使画面中不仅仅只出现一个三角形，如果画面中能够同时出现3～5个三角形，就可使画面看上去内容更丰富，更有层次感和趣味性，这样的画面不会显得单调和重复。

▶ 使用三角形构图拍摄山峰，可以突出大山的稳定感（焦距：55mm　光圈：F8　快门速度：1/160s　感光度：ISO100）

树木摄影实战攻略

仰视拍出不一样的树冠

由于广角镜头具有拉伸景物的线条，使景物出现透视变形的特点，因此拍出景物的透视感很强。采用广角镜头仰视拍摄树冠，会因为拍摄角度和广角镜头的变形作用，使画面中的树显得格外高大、挺拔。

由于采用这种角度拍摄时，画面的背景为蓝天，因此画面显得很纯净，如果所拍的树叶为黄色或红色，那么画面中的蓝色、红色或黄色会形成强烈的颜色对比，使画面的色彩显得更鲜艳。

▶ 采用仰视角度拍摄，使得被摄树木在画面中呈向上汇聚的效果，大大增强了画面的新奇感，也带来较强的视觉动感（焦距：16mm 光圈：F16 快门速度：1/250s 感光度：ISO100）

捕捉林间光线使画面更具神圣感

如果树林中的光线较暗，当阳光穿透林中的树叶时，由于被树叶及树枝遮挡，会形成一束束透射林间的光线。拍摄这类题材的最佳时间是早晨及近黄昏时分，此时太阳斜射向树林中，能够获得最好的画面效果。

在实际拍摄时，拍摄者可以迎着光线逆光拍摄，也可以与光线平行侧光拍摄。在曝光控制方面，可以以林间光线的亮度为准拍摄暗调照片，以衬托林间的光线；也可以在此基础上降低1挡曝光补偿，以获得亮一些的画面效果。

▲ 光线透过树枝形成了夺目的光芒效果，在为画面增强神圣感的同时，也使画面更具有形式美感（焦距：24mm 光圈：F7.1 快门速度：1/500s 感光度：ISO100）

高手点拨

通过缩小光圈和使用广角镜头的方法，可让画面纳入更多的景物，并形成明显的透视效果，从而使画面中光芒四射的效果更为明显。

表现线条优美的树枝

把照片拍成剪影效果可以淡化被摄主体的细节特征，从而强化其形状和外轮廓。树木通常有精简的主枝干和繁复的树枝，摄影师可以根据树木的这一特点，选择一片色彩绚丽的天空作为背景，将前景处的树木处理成剪影形式，画面中树木枝干密集处会表现为星罗密布、大小枝干相互穿梭的效果，且枝干有如绘制的精美花纹图案一般浮华炫灿，于稀疏处呈现出俊朗秀美的外形。

高手点拨

为了将树木处理成剪影效果，可对准天空中的中间调部分测光，这样可得到天空云彩层次细腻的画面。同时，为了强化夕阳的效果，可将白平衡设置为阴影模式。

▶ 粗细不同的树枝在逆光下被表现为复杂多变、干净利落的线条，衬托在柔和的晚霞上，整个画面极具形式美感（焦距：70mm 光圈：F5 快门速度：1/80s 感光度：ISO200）

草原摄影实战攻略

利用宽画幅表现壮阔的草原画卷

虽然，用广角镜头能够较好地表现开阔的草原风光，但面对着一眼望不到尽头的草原，只有利用超长画幅才能够真正给观者带来视觉上的震撼与感动。超长画面并不是一次拍成的，通常都是由几张照片拼合而成的，其高宽比甚至能够达到 1∶3 或 1∶5，因此能够以更加辽阔的视野展现景物的全貌。

由于要拍摄多张照片进行拼合，因此在转动相机拍摄不同视角的场景时，应注意彼此之间要有一定的重叠，即在上一张照片中出现的标志性景物，如蒙古包、树林、小河，应该有一部分在下一张照片中出现，这样在后期处理时，才能够更容易地将它们拼合在一起。

▲ 这幅横画幅草原画面是由 8 张照片拼合而成的，大景深的画面看起来视野较广，色调清爽，给人平静、安逸的感觉

利用牧人、牛、羊使草原有勃勃生机

要 拍摄辽阔的草原，画面中不应仅有天空和草原，这样的照片会显得平淡而乏味，必须要为画面安排一些能够带来生机的元素，如牛群、羊群、马群、收割机、勒勒车、蒙古包、小木屋等。

如果上述元素在画面中的分布较为分散，可以使用散点式构图，拍摄散落于草原之中的农庄、村舍、马群等，使整个画面透露出一种自然、质朴的气息。如果这些元素分布并不十分分散，应该在构图时注意将其安排在画面中的黄金分割点位置，以使画面更美观。

▲ 草原、树木和天空的景色很美，利用星星点点分布的羊儿丰富画面，给人一种亲切自然的感觉，也使画面更有生机（焦距：40mm 光圈：F11 快门速度：1/400s 感光度：ISO200）

溪流与瀑布摄影实战攻略

用中灰镜拍摄如丝的溪流与瀑布

拍摄溪流与瀑布时，如果使用较慢的快门速度，可以拍出如丝般质感的溪流与瀑布。为了防止曝光过度，可使用较小的光圈。如果仍然曝光过度，应考虑在镜头前加装中灰镜，这样拍摄出来的溪流与瀑布是雪白的，像丝绸一般。由于使用的快门速度较慢，在拍摄时保持相机的稳定至关重要，所以三脚架是必不可少的装备。

若想拍出如丝的溪流与瀑布，应注意如下几点。

■因为需要较长时间曝光，所以需要使用三脚架来固定相机，并确认相机稳定且处于水平状态，同时还可以配合使用快门线和反光镜预升功能，避免因震动而导致画面不实。

■为避免衍射影响画面的锐度，最好不要使用镜头的最小光圈。

▲ 在中灰镜的作用下，快门速度变慢，将从山上流下来的瀑布拍得如水帘般迷人，画面显得更加梦幻、唯美（焦距：18mm 光圈：F22 快门速度：0.6s 感光度：ISO100）

■由于快门速度影响水流的效果，所以拍摄时最好使用快门优先模式，这样便于控制拍摄效果。拍摄瀑布时使用1/3~4秒左右的快门速度，拍摄溪流时使用3~10秒左右的快门速度，都可以柔化水流。

拍摄精致的溪流局部小景

在摄影中，大场景固然有大场景的气势，而小画面也有小画面的精致。拍摄溪流时，使用广角镜头表现其宏观场景固然是很好的选择，但如果受拍摄条件限制或光线不好，也不妨用中长焦镜头，沿着溪流寻找一些小的景致，如浮萍飘摇的水面、遍布青苔的鹅卵石、落叶缤纷的岸边，也能够拍摄出别有一番风味的作品。

▶ 水雾状的流水，几片安静的红叶，这一别致的小景展示出了秋季的美丽（焦距：50mm　光圈：F6.3　快门速度：5s　感光度：ISO100）

通过对比突出瀑布的气势

在没有对比的情况下，很难通过画面直观地判断出一个景物的体量。

因此，在拍摄瀑布时，如果希望体现出瀑布宏大的气势，就应该通过在画面中加入容易判断体量大小的画面元素，从而通过大小对比来表现瀑布的气势，最常见的元素就是瀑布周边的旅游者或游船等。

以俯视的角度拍摄飞流直下的瀑布，利用广角镜头纳入较多的环境，从而衬托出瀑布的庞大气势（焦距：20mm　光圈：F11　快门速度：1/320s　感光度：ISO100）

斜线构图表现水流的动感

采用斜线构图可以增强画面的动感表现，使画面在空间上产生流动感，将二维的画面拉近并表现出三维效果。在拍摄水流时，可选择较慢的快门速度，以将水流的轨迹凝固成线条状在画面中突出表现出来，并尝试将水迹以斜线的形式呈现在画面中，最终制造出富有动感、汹涌的水流效果。

▶ 拍摄沿山体流淌的水流，并使之在画面中以斜线形式出现，在强化其水流效果的同时，还为画面带来了更多的动感表现（焦距：30mm 光圈：F9 快门速度：1/5s 感光度：ISO100）

曲线构图拍出蜿蜒的溪流

曲线构图能够给人柔和的视觉感受，画面的线条也更富于变化，从而引导观者的视线随之蜿蜒转移，画面也会呈现出舒展的视觉效果。这种构图形式极适合拍摄蜿蜒流转的河流、溪流。

在具体拍摄时，摄影师应该站在较高的位置，以俯视的角度，从河流、溪流经过的位置寻找能够形成曲线的局部，从而使画面产生流动感和优美的韵律。

呈曲线蜿蜒流淌的溪流不仅使画面更富于变化，同时还强调了其自身的流动感（焦距：35mm 光圈：F14 快门速度：3s 感光度：ISO200）

利用前景丰富画面、突出空间感

想要表现画面的空间感，可以在取景时在画面的前景处安排水边的树木、花卉、岩石等，这样不仅能够避免画面单调，还能够通过近大远小的透视对比表现画面的开阔感与纵深感。

▶ 利用清澈水底的石块、水流动时形成的漩涡作为前景，不仅丰富了画面构图元素，渲染了画面气氛，还使画面更具空间感（焦距：50mm 光圈：F8 快门速度：20s 感光度：ISO100）

河流与湖泊摄影实战攻略

逆光拍摄出有粼粼波光的水面

无论拍摄的是湖面还是海面，在有微风的情况下采用逆光拍摄，都能够拍出闪烁着粼粼波光的水面。如果拍摄的时间接近中午，由于此时的光线较强，色温较高，因此粼粼波光的颜色会偏白色。如果是在清晨、黄昏时拍摄，由于此时的光线较弱，色温较低，因此粼粼波光的颜色会偏金黄色。

为了能拍出这样的美景，应注意如下两点：

■ 要使用小光圈，从而使粼粼波光在画面中呈现为小小的星芒。

■ 如果波光的面积较小，要做负向曝光补偿，因为此时大部分场景为暗色调；如果波光的面积较大，是画面的主体，要做正向曝光补偿，以弥补过强的反光对曝光的影响。

▲ 摄影师以逆光进行拍摄，通过增加1挡曝光补偿，使其波光更为闪耀，前景处呈剪影状的渔船让画面看起来更加生动（焦距：50mm 光圈：F11 快门速度：1/250s 感光度：ISO100）

选择合适的陪体使湖泊更有活力

在拍摄湖泊时，为了避免画面过于单调，可纳入一些岸边景物来丰富画面内容，树林、薄雾、岸边的丛丛绿草等都是经常采用的景物。

但如果希望画面更充满生机，还需要在画面中安排具有活力的被摄对象，如飞鸟、小舟、游人等都可以为画面增添活力，在构图时要注意这样的对象在画面中起到的是画龙点睛的作用，因此不必占据太大的面积。

此外，这些对象在画面中的位置也很关键，最好将其安排在黄金分割点上。

▲ 采用逆光拍摄海景，针对远处天空亮度均匀处测光，可使前景处的小船呈深暗剪影状点缀在海面上，在丰富画面视觉元素的同时，还起到了烘托画面意境的作用（焦距：50mm 光圈：F9 快门速度：1/320s 感光度：ISO100）

▶ 具有地域特点的小舟打破了青山绿水的宁静，画面看起来很有意境（焦距：66mm 光圈：F11 快门速度：1/40s 感光度：ISO100）

采用对称构图拍摄有倒影的湖泊

在拍摄水面时，要体现场景的静谧感，应该采用对称构图的形式将水边树木、花卉、建筑、岩石、山峰等的倒影纳入画面，这种构图形式不仅使画面极具稳定感，而且也丰富了画面构图元素。拍摄此类题材最好选择风和日丽的天气，时间最好选择在凌晨或傍晚，以获得更丰富的光影效果。

采用这种构图形式拍摄时，如果使水面在画面中占据较大的面积，则要考虑到水面的反光较强，应适当降低曝光量，以避免水面的倒影模糊不清。需要注意的是，作为一种自然现象，倒影部分的亮度不可能比光源部分的亮度更大。

平静的水面有助于表现倒影，如果拍摄时有风，则会吹皱水面而扰乱水面的倒影，但如果水波不是很大，可以尝试使用中灰渐变镜进行阻光，从而将曝光时间延长到几秒钟，以便将波光粼粼的湖面中的倒影清晰地表现出来。

蓝天、白云、山峦、树林等都会在湖面形成美丽的倒影，在拍摄湖泊时可以采取对称构图的形式，将画面的水平线放在画面的中间位置，使画面的上半部分为天空，下半部分为倒影，从而使画面显得更加静谧。也可以按三分法构图原则，将水平线放在画面的上三分之一或下三分之一位置，使画面更富有变化。

▼同样是采用对称构图进行拍摄，但由于在前景中加入了小石块，打破了画面绝对对称的构图形式，使照片在平衡中多了一些变化(焦距：18mm 光圈：F11 快门速度：1.6s 感光度：ISO100)

用S形构图拍摄蜿蜒的河流

在自然界中很少看到笔直的河道，无论是河流还是溪流，总是弯弯曲曲地向前流淌着。因此，要拍摄河流或者海边的小支流，S形曲线构图是最佳选择。S形曲线本身就具有蜿蜒流动的视觉感，能够引导观者的视线随S形曲线蜿蜒移动。S形构图还能使画面的线条富于变化，呈现出舒展的视觉效果。

拍摄时摄影师应该站在较高的位置，采用长焦镜头俯视拍摄，从河流经过的位置寻找能够在画面中形成S形的局部，这个局部的S形有可能是河道形成的，也有可能是成堆的鹅卵石、礁石形成的，从而使画面产生流动感。

▲ 山间流淌的S形河流将观者的视线引向了画面深处，起到了视觉引导的作用，给人一种曲线美（焦距：24mm 光圈：F8 快门速度：1/100s 感光度：ISO200）

海洋摄影实战攻略

用慢速快门拍出雾化海面

在采用长时间曝光拍摄的海面风光作品中，运动的水流会被虚化成柔美、细腻的线条，如果曝光时间再长一些，海水的线条感就会被削弱，最终在画面中呈现为雾化效果。

拍摄时应根据这一规律，事先在脑海中构想出需要营造的画面效果，然后观察其运动规律，通过对曝光时间的控制，进行多次尝试，就可得到最佳的画面效果。

如果通过长时间曝光将运动的海面虚化成为柔美的一片，与近景处堆积着的巨大石块之间形成虚实、动静的对比，可以使整个画面愈发显得美不胜收。如果在画面中能够增加穿透厚厚云层的夕阳余晖，则可以使画面变得更漂亮。

▶ 采用慢速快门逆光拍摄，将海面拍得如雾一般，整个画面看起来很唯美、大气（焦距：24mm 光圈：F9 快门速度：120s 感光度：ISO100）

利用高速快门凝固飞溅的浪花

巨浪翻滚拍打岩石这样惊心动魄的画面，总能给观者的心灵带来从未有过的震撼。要想完美地表现出海浪波涛汹涌的气势，在拍摄时要注意对快门速度的控制。高速快门能够抓拍到海浪翻滚的精彩瞬间，而适当地降低快门速度进行拍摄，则能够使溅起的浪花形成完美的虚影，画面极富动感。

如果采用逆光或侧逆光拍摄，浪花的水珠就能够折射出漂亮的光线，使浪花看上去剔透晶莹。

▲ 利用高速快门拍摄浪花拍击礁石的瞬间，雪白的浪花与礁石在画面中形成强烈的明暗对比，使画面呈现出强烈的刚与柔、明与暗、瞬间与永恒的对比（焦距：250mm 光圈：F11 快门速度：1/1000s 感光度：ISO100）

利用不同的色调拍摄海面

自然界中的光线千变万化，不同的光线、不同的时段可以产生不同的色调，以不同的色调拍出的海面效果也不同。例如，暖色调的海面给人温暖、舒适的感觉，画面呈现出一派祥和的气氛；而冷色调的海面则给人以恬静、清爽的感觉，最能表现出宁静、悠远的意境。

▼ 采用长时间曝光在夜晚拍摄大海，海面呈现为冷调的蓝色，月光的照射使画面更有意境（焦距：17mm 光圈：F13 快门速度：75s 感光度：ISO100）

利用明暗对比拍摄海水

在拍摄海景时，还可以通过岸边礁石的暗色与海水的亮色形成的明暗反差，使水流在画面中得以突出表现。拍摄时要根据重点表现的对象进行测光及曝光补偿。

如果要表现暗的礁石，应该以点测光对准亮度中等的海水进行测光，使礁石由于曝光不足而呈现为暗调；另外，如果海水的面积较大，应该做正向曝光补偿，以还原海水的亮度。

总之，要通过前面讲述的各种拍摄技法使画面形成明暗对比，从而使海水或礁石在画面中显得更加突出。

▶ 由于采用逆光拍摄，在呈剪影的岩石背景的衬托下，飞溅的浪花呈现为金黄透明的效果，摄影师利用高速快门拍出了这幅明暗对比十分强烈的画面（焦距：100mm 光圈：F8 快门速度：1/800s 感光度：ISO160）

通过陪体对比突出大海的气势

所谓"山不厌高，海不厌深"，大海因它不择细流，不拘小河，才能成其深广。面对浩瀚无际的大海，要想将其宽广、博大的一面展现在观者面前，如果没有合适的陪体来衬托，很难将其有容乃大的特征表现出来。所以在拍摄宽广的海面时，要时刻注意寻找合适的陪体来点缀画面，通过大小、体积的对比来反衬大海的广博、浩瀚。

对比物的选择范围很广，只要是能够为观者理解、辨识、认识的事物均可，如游人、小艇、建筑等。

▲ 画面中海滩上的游客显得极其微小，正因为如此，才能通过博大与微小间的对比衬托出大海的气势（焦距：17mm 光圈：F7.1 快门速度：1/400s 感光度：ISO100）

使用闪光灯照亮海面前景人为地制造"亮点"

在拍摄海面时很少使用闪光灯，因为此类题材的摄影作品通常都有较大的景深，而闪光灯的照射距离是有限的，只能照亮距离闪光灯较近的景物，因此在拍摄时应多利用自然光线。

但实际上，如果拍摄时光线比较暗，完全可以使用闪光灯为平淡的画面制造"点睛"之处，即用其照亮海面的前景景物，如礁石、鹅卵石等，从而很好地丰富画面层次，并使画面出现引人瞩目的"亮点"。

冰雪摄影实战攻略

选择合适的光线让白雪晶莹剔透

顺光观看白雪时会感觉很刺目，这是因为反光极强的积雪表面将大量的光线反射到人眼中，看上去犹如镜面一般。因此，可以想象采用顺光拍摄白雪时，必然会因为光线减弱了白雪表面的层次和质感，而无法很好地将白雪晶莹剔透的质感表现出来。

所以，顺光并不是拍摄雪景理想的光线，只有采用逆光、侧逆光或侧光拍摄，且太阳的角度又不太大时，冰晶由于背光而无法反射出强烈的光线，因此积雪表面才不至于特别耀眼，雪地的晶莹感、立体感才能被充分表现出来。

因此，在拍摄雪景时，如果要突出表现其晶莹剔透的质感，可选择逆光、侧逆光拍摄，并选择较深的背景来衬托。逆光拍摄时应选择点测光模式，同时适当增加 0.3~1.7 挡的曝光补偿，以便得到晶莹剔透的冰雪效果。

▲ 采用侧光拍摄冰雪，将雪山的质感充分地表现出来，获得了很好的画面效果（焦距：60mm　光圈：F9　快门速度：1/1250s　感光度：ISO200）

选择白平衡为白雪染色

在拍摄雪景时，摄影师可以结合实际环境的光源色温进行拍摄，以得到洁净的纯白影调、清冷的蓝色影调或金黄的冷暖对比影调。或者结合相机的白平衡设置来获得独具创意的画面影调效果，以服务于画面的主题。例如，使用阴天或阴影白平衡模式有助于获得偏暖色调，使白雪染上一层红色或黄色；而如果希望让白雪看上去更冷，可以使用荧光灯、白炽灯白平衡模式，使白雪染上一层蓝色。

▶ 落日将天空染成了橙红色，地面上的积雪也被映衬上了颜色，拍摄时使用阴影白平衡可以强化这种色彩的表现，从而获得暖色的雪景效果（焦距：33mm　光圈：F9　快门速度：1/500s　感光度：ISO100）

利用蓝天与白雪形成鲜明对比

根据色彩理论，蓝色与白色在同一画面中能够形成更好的对比效果，使蓝色显得更蓝，白色显得更白。在拍摄雪景时，可以采取仰视角度以蓝天为背景，以便使画面中的雪显得更加洁白。

如果拍摄时采用的是平视角度，则远景处应该没有遮挡，以便能够拍摄到碧蓝的天空，且在构图时其面积不应该过小，否则色彩的对比效果会不明显。

拍摄时可以使用偏振镜降低天空的亮度、提高色彩饱和度，使天空更蓝，从而将树挂、积雪等主体更加突出地表现出来。

▼ 洁白的树挂在蓝天的衬托下显得清新、淡雅，画面很有意境美（焦距：85mm 光圈：F2.8 快门速度：1/2500s 感光度：ISO200）

拍摄雪景的其他小技巧

要拍好雪景，除了需要增加曝光补偿及选择合适的光线外，还要注意选择行人较少的地方拍摄，这样雪地不会显得太零乱。

在构图时，最好在画面中安排一些深色或艳色的景物，否则白茫茫的画面未免显得单调。

许多摄友会在雪后晴天出去拍摄，此时如果将蓝天纳入画面成为背景，应该在镜头前加装偏振镜，以吸收白雪反射的偏振光，同时压暗天空的亮度，

增加天空的饱和度，这样才能拍摄出漂亮的蓝天白雪景色。

如果条件允许，即使是正在飘雪，也可以进行拍摄，此时拍摄的主体自然是飞舞的雪花。拍摄时应选择不低于1/60秒的快门速度，并在构图时纳入一些颜色较鲜艳或较暗的物体，这样才能够反衬出飘舞在空中的白色雪花。

雾景摄影实战攻略

雾气不仅能够增强画面的透视感，还赋予了画面朦胧的气氛，使照片具有别样的诗情画意。一般来说，由于浓雾的能见度较差，透视性不好，不适宜拍摄，拍摄雾景时通常应选择薄雾。另外，雾霭的成因是水汽，因此应该在冬、春、夏季交替之时寻找合适的拍摄场景。拍摄雾气的场所往往具有较大的湿度，因此需要特别注意保护相机及镜头，防止器材受潮。

调整曝光补偿使雾气更洁净

由于雾气是由微小的水滴组成的，其对光线有很强的反射作用，如果根据相机自动测光系统给出的数据进行拍摄，则雾气中的景物在画面中将呈现为中灰色调，因此需要使用曝光补偿功能进行曝光校正。

根据白加黑减的曝光补偿原则，通常应该增加1/3~1挡曝光补偿。

在进行曝光补偿时，要考虑所拍摄场景中雾气的面积这个因素，面积越大意味着场景越亮，就越应该增加曝光补偿；如果面积很小的话，可以不进行曝光补偿。

如果对于曝光补偿的增加程度把握不好，建议以"宁可欠曝也不可过曝"的原则进行拍摄。

▼ 弥漫的雾气增强了画面的层次感和空间感，增加1挡曝光补偿后，不但使雾气显得更加洁白，还能够增强山体的层次感（焦距：18mm 光圈：F10 快门速度：1/200s 感光度：ISO100）

选择合适的光线拍摄雾景

顺光拍摄薄雾中的景物时，强烈的散射光会使空气的透视效应减弱，景物的影调对比和层次感都不强，色调也显得平淡，画面缺乏视觉趣味。

拍摄雾景最合适的光线是逆光或侧逆光，在这两种光线照射下，薄雾中除了散射光外，还有部分直射光，雾中的物体虽然呈剪影效果，但这种剪影是经过雾层中散射光柔化的，已由深浓变得浅淡、由生硬变得柔和了。随着景物在画面中的远近不同，将呈现出近大远小的透视效果，同时色调也呈现出近实远虚、近深远浅的变化，从而在画面中形成浓淡互衬、虚实相生的效果，因此最好选择逆光或者侧光拍摄雾中的景物，这样整个画面才会显得生机盎然、趣味横生，富有表现力和艺术感染力。

在拍摄雾景时，可根据拍摄环境的不同来选择相应的测光模式。

■ 如果光线均匀、明亮，可以选择评价测光模式。

■ 如果拍摄场景中的雾气较少，而暗调景物较多，或希望拍出逆光剪影效果，应该选择点测光模式，并对着画面的明亮处测光，以避免雾气部分过曝而失去细节。

▼ 采用逆光拍摄雾景，由于云雾的遮掩而使画面的层次变化更加曼妙，淡入淡出的色彩变换并配合呈剪影状的树木，使画面具有很强的艺术感染力（焦距：70mm 光圈：F5.6 快门速度：1/125s 感光度：ISO100）

蓝天白云摄影实战攻略

拍摄出漂亮的蓝天白云

虽然，许多摄影师认为蓝天白云这类照片很俗，但实际上即使面对这样的场景，如果没有掌握正确的拍摄方法，也不可能拍出想要的效果。最常见的情况是，在所拍出的照片中，地面景物是清晰的、颜色也是纯正的，但蓝天却泛白色，甚至像一张白纸。

要拍出漂亮的蓝天白云照片，首要条件是必须选择在晴朗天气进行拍摄，在没有明显污染地方的拍摄效果会更好，因此在乡村、草原等地区能够拍出更美的天空。另外，拍摄时最好选择顺光。

在拍摄蓝天白云时，还要注意以下两个技术要点：

■ 为了拍摄出更蓝的天空，拍摄时要使用偏振镜。将它安装在镜头前，并旋转到一定角度，即可消除空气中的偏振光，提高天空中蓝色的饱和度，从而使画面中景物的色彩更加浓郁。

■ 一般应做半挡左右的负向曝光补偿，因为只有在稍曝光不足时，才能拍出更蓝的天空。

▲ 利用偏振镜拍摄纯净的蓝天和洁白的云朵，画面颜色纯正、明快，将地面上蜿蜒的道路及绿色的草地纳入画面，给人一种沁人心脾的通畅感（焦距：115mm 光圈：F9 快门速度：1/500s 感光度：ISO125）

拍摄天空中的流云

很少有人会长时间地盯着天空中飞过的流云，因此也就很少有人注意到头顶上的云彩来自何方，去往哪里，但如果摄影师将镜头对着天空中飘浮不定的云彩，则一切又会变得与众不同。使用低速快门拍摄时，云彩会在画面中留下长长的轨迹，呈现出很强的动感。

要拍摄这种流云飞逝的效果，需要将相机固定在三脚架上，采用B门进行长时间曝光，在拍摄时为了避免曝光过度而导致云彩失去层次，应该将感光度设置为ISO100，如果仍然会曝光过度，可以考虑在镜头前面加装中灰镜，以减少进入镜头的光线。

▲ 使用中灰镜及长时间曝光拍摄，将云彩流动的轨迹记录了下来，画面看起来很有视觉张力与流动感（焦距：20mm 光圈：F16 快门速度：60s 感光度：ISO50）

日出日落摄影实战攻略

用长焦镜头拍摄出大太阳

如果希望在照片中呈现出体积较大的太阳，要尽可能使用长焦镜头。通常在标准的画面中，太阳的直径只是焦距的1/100。因此，如果用50mm标准镜头拍摄，太阳的直径为0.5mm；如果使用长焦镜头的200mm焦距拍摄，则太阳的直径为2mm；如果使用长焦镜头的400mm焦距拍摄，太阳的直径就能够达到4mm。

▲ 在拍摄日落时，为了使太阳在画面中所占面积更大，使用了长焦镜头，曝光时减少1挡曝光补偿，使画面的色彩更加饱和（焦距：300mm 光圈：F16 快门速度：1/4000s 感光度：ISO200）

选择正确的测光位置及曝光参数

在拍摄日出日落时，如果在画面中包含地面场景，则会由于天空与地面的明暗反差较大，使曝光有一定的难度。如果希望拍摄剪影效果，即让地面景物在画面中表现为较暗的色调甚至是黑色剪影，测光时可将测光点定位在太阳周围较明亮的天空处。

如果拍摄的是日落景色，且太阳还未靠近地平线，由于此时整个拍摄环境的光照较好，为了使地面景物在成像后有一定的细节，应对准太阳周围云彩的中灰部测光，以兼顾天空与地面的亮度。另外，如果天空中的薄云遮盖住了太阳，人直视太阳不感觉刺目，可以对太阳直接测光、拍摄，以突出表现太阳，因此拍摄时应灵活选择测光位置。

◄ 针对天空的中灰部测光，将前景中正在觅食的水鸟及远山以剪影的形式呈现出来，凸显了水面上波光闪闪的落日倒影及地平线处明亮的太阳，同时使用了阴影白平衡，以获得橘红色的暖色效果，从而更好地表现出了落日的温馨感（焦距：200mm 光圈：F20 快门速度：1/800s 感光度：ISO100）

用云彩衬托太阳使画面更辉煌

在表现夕阳的辉煌时，需用天空的云彩来衬托，当天空中布满形状各异的云彩时，在太阳的照射下，整个天空看上去绚丽、奇幻。为了避免天空中的云彩与地面景物的明暗反差过大而影响画面层次，可在镜头前安装中灰渐变镜以压暗天空，从而减少云彩的细节损失。拍摄时还可使用广角镜头多纳入一些天空中的云彩，从而得到具有强烈透视效果的画面，使其看起来更有气势。

▲ 拍摄日落时不妨用美丽的云彩作为表现对象，绚烂的云彩不仅渲染了太阳的辉煌，更为画面增添了艺术感染力，使画面看起来更有气势（焦距：18mm 光圈：F11 快门速度：1/100s 感光度：ISO100）

拍摄透射云层的光线

如果太阳的周围云彩较多，则当阳光穿透云层的缝隙时，透射出云层的光线表现为一缕缕的光束，如果希望拍摄出这种透射云层的光线效果，应尽量选择小光圈，并通过做负向曝光补偿来提高画面的饱和度，使画面中的光芒更加夺目。

▶ 使用较小的光圈和放射式构图拍摄透射云层的光线，强化了光线穿透云层的力量感，画面显得大气、唯美（焦距：18mm 光圈：F14 快门速度：1/1000s 感光度：ISO200）

银河摄影实战攻略

银河是天文爱好者们喜欢的摄影主题，在高原、高山、草原等空气通透户外地旅行时，可以很容易拍摄到漂亮的银河。

在北半球拍银河的最好季节就是6~8月，在拍银河之前，可以使用手机应用程序Starwalk或Photopills来计算银河何时出现、何时隐退、何时拍起来最美，还可以用这些程序检查月相，确保天空不会暗淡无光。一般情况下，新月前后是拍摄银河的最佳时机。

拍摄银河时，银河和星星同时会跟随地球自转运动，所以最佳曝光时间需控制在30~60s之间，如果曝光时间过长，星星会变成小星轨，银河也就虚了。由于拍摄银河不能像拍星轨一样可以使用B门累计曝光量，因此，只能通过提高ISO和调大光圈值来保证曝光。

拍摄银河有个标准的、广泛使用的曝光组合，即快门速度30s、光圈 f/2.8、ISO3200，原因就在于此曝光组合能够让最多的光线进入。因此，为了保证画面的最佳质量，高感较好的全画幅相机及拥有大光圈的广角镜头是最佳选择。同时，坚固的三脚架及快门线也是必需品。

夜晚的天空光线很暗，因此需要拧动对焦环至无限远对焦位置以确保画面的锐度。为了避免周围的光对画面的影响，在拍摄时可以装上遮光罩及遮盖取景器。

▼ 在空气通透的高山雪原很容易拍摄到漂亮的银河画面，拍摄时，选择了雪山作为前景，以增加整个画面的层次（焦距：100mm　光圈：F2.8　快门速度：25s　感光度：ISO2500）

星轨摄影实战攻略

星轨的拍摄要点

星轨是一个比较有技术难度的拍摄题材，总体来说要拍摄出漂亮的星轨要有"天时"与"地利"。

"天时"是指时间与气象条件。拍摄的时间最好在夜晚，此时明月高挂，星光璀璨，较容易拍摄出漂亮的星轨，天空中应该没有云层，以避免星星被遮盖住。

"地利"是指合适的拍摄地点。由于城市中的光线较强，空气中的颗粒较多，因此对拍摄星轨有较大影响。所以，要拍出漂亮的星轨，最好选择郊外或乡村。构图时要注意利用地面的山、树、湖面、帐篷、人物、云海等对象，丰富画面内容，因此选择拍摄地点时要注意。

同时要注意，如果在画面中纳入了比星星还要亮的对象，如月亮、地面的灯光等，长时间曝光之后，容易使这一部分严重曝光过度，影响画面整体的艺术效果，所以要注意回避此类对象。

拍摄时要用B门，以自由地控制曝光时间，使用带有B门快门释放锁的快门线可以让拍摄变得更加轻松。如果对焦困难，应该用手动对焦的方式。

必须要指出的是，如果曝光时间较长，照片中肯定会出现大量噪点，虽然在后期处理时可以利用软件对噪点进行消除，但最终得到的照片画质仍然不可能令人满意。因此，目前较流行的是采取短时间曝光连续拍摄，然后在后期进行合成的方法。

在拍摄星轨时，选择不同的拍摄方向会得到不同的画面效果。如果将镜头中心对准北极星长时间曝光，拍出的星轨会成为同心圆，在这个方向上曝光一小时，画面上的星轨弧度为15°；如果曝光两小时，画面上的星轨弧度为30°；而朝东或朝西拍摄，则会拍出斜线或倾斜圆弧状的星轨画面。

正所谓"工欲善其事，必先利其器"，在拍摄星轨时，器材的选择也很重要，质量可靠的三脚架自不必说，镜头的选择也是重中之重，应该以广角镜头和标准镜头为佳，通常选择35~50mm左右焦距的镜头。如果焦距太短，虽然能够拍摄更大的场景，但星轨在画面中会比较细；而如果焦距过长，视野又会显得过窄，不利于表现星轨。

▶ 通过较长时间的曝光，星星的运动轨迹变成了长长的线条，将人们看不到的景象记录下来，因此更具震撼人心的力量（焦距：17mm 光圈：F4 快门速度：3619s 感光度：ISO200）

两种拍摄星轨的方法及其各自的优劣

通常来说，星轨有两种拍摄方法，分别为前期拍摄法与后期堆栈合成法。

前期拍摄法是指通过长时间曝光前期拍摄，即拍摄时用 B 门进行摄影，拍摄时通常要曝光半小时甚至几个小时；

后期堆栈合成法是指使用延时摄影的手法进行拍摄，拍摄时通过设置定时快门线，使相机在长达几小时的时间内，每隔 1s 或几秒拍摄一张照片，完成拍摄后，在 Photoshop 中利用堆栈技术，将这些照片合成为一张星轨迹照片。

二者各有其优劣，下面分别从不同的角度对比分析一下它们的特点。

曝光时间影响：由于实际拍摄时，可能存在"光污染"问题，例如城市中的各种人造光、建筑反光等，虽然肉眼很难或无法看到，但在长达数百分钟的曝光时间下，会逐渐在照片中显现得越来越明显。因此，若是使用前期长曝拍摄法，则曝光时间越长，越容易受到"光污染"的影响；反之，若是使用后期叠加法只要单张照片不过曝，最终叠加好的星轨就不会过曝。

噪点影响：使用前期长曝拍摄法时，往往需要设置较高的ISO感光度并进行超长时间的曝光，因此很容易出现高ISO噪点与长时间曝光噪点。此外，由于长时间曝光，相机会逐渐变热，还会由此导致热噪点的产生；若是使用后期叠加法，则可以避免长时间曝光噪点与热噪点，并且在后期叠加时，还会在一定程度上消除高ISO产生的噪点，因此画质更优。

星光疏密影响：使用前期长曝拍摄法时，星光的疏密对最终的拍摄结果有直接影响；后期叠加法可以通过拍摄多张照片，在很大程度上弥补星光过于稀疏的问题。

相机电量影响：使用前期长曝拍摄法时，由于只拍摄一张照片，因此要求在拍摄完成之前，相机必须拥有充足的电量，否则可能前功尽弃；使用后期叠加法，由于是拍摄很多照片进行合成，即使电量耗尽，损失的也只是最后拍摄的一张照片，对整体的照片不会有太大影响。

需要注意的是，无论采用哪一种拍摄手法，为了保证画面的清晰度与锐度，一个稳定性优良的三脚架是必备的。如果风比较大的话，还需要在三脚架上悬挂一些有重量的东西，以防止三脚架不够稳固，同时也可使用一些能挡风的工具为相机挡风。

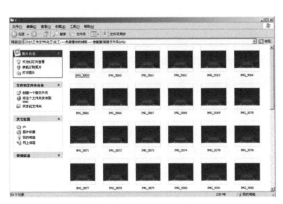

▲ 每张曝光 15 秒的星空组图

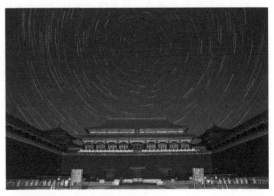

▲ 利用堆栈技术合成的星轨效果图

闪电摄影实战攻略

由于闪电的停留时间极短，当人眼看到闪电并产生反应按下快门时，闪电早已一闪而过，即使以最敏捷的动作抓拍也无法捕捉到闪电，因此，拍摄闪电不能用"抓拍"的方法，而应打开快门"等拍"闪电。

闪电没有固定的出现位置，通常一次闪电出现后，再在同一位置出现的概率非常小，因此，闪电的位置是不断变动的，取景时不可能根据上一次闪电出现的位置判断出下一次闪电会出现在哪个位置，因此拍摄闪电的成功率并不高，要有拍摄失败的思想准备。

使用 B 门模式拍摄的闪电，紫色的闪电被清晰地记录了下来（焦距：16mm 光圈：F7.1 快门速度：120s 感光度：ISO100）

拍摄闪电也有"天时""地利"的问题。夏季是拍摄闪电的黄金季节，夏季的闪电或以水平方向扩张，或从高空向地面打下来，此时的闪电力度大、频率高，因此是拍摄闪电的首选时节。

而"地利"则更为重要，因为这关系到拍摄者自身的安危。拍摄的地点不能够过于靠近易于导电的物体，如树、电线杆等。另外，要为相机罩上防雨的套子或袋子。

从技术角度来看，拍摄闪电涉及一定的曝光与构图技巧。

曝光模式应该选择 B 门模式，并设置光圈数值为 F8~F13，光圈不能太小，否则画面中闪电的线条会过细。

构图时要注意闪电的主体和地面景物的搭配，

为了凸显空中闪电的美丽与气势，可以地面的局部景物来衬托，使画面看起来更加平衡。此外，还要注意空中云彩对画面的影响，要注意避开近景处较强的灯光射入镜头而造成的眩光，有必要的话，还应该在镜头前加遮光罩。

拍摄闪电是一个挑战与机遇并存的拍摄活动，因为闪电不总会如期而至，因此与其说是抓拍闪电，还不如说是等拍闪电，摄影师应该先将相机固定在三脚架上，确定闪电可能出现的方位后，将镜头对准闪电出现最频繁的方向，切换为 B 门模式，使用线控开关打开快门按钮，准备"等拍"闪电，待闪电过后，释放快门按钮，完成一次拍摄操作。

如果要在照片中合成多次闪电的效果，在闪电出现后用黑卡纸遮挡镜头，重复操作几次即可。

彩虹摄影实战攻略

雨后彩虹是由于雨后空气中存在的大量水汽使阳光发生折射，将光谱中的各种色彩以圆弧形展现出来的自然现象，说到底是一种光的色散现象。彩虹一般会很快消失，属于可遇不可求的自然景观，因此拍摄时需要抓紧时间。

拍摄彩虹最好使用广角镜头，这样可以将彩虹完整地拍摄下来，如果考虑到构图的需要，也可以选取彩虹的一部分。

为了将彩虹的颜色拍得更鲜艳，可以在相机测光数值的基础上适当减少曝光量。

拍摄时应该刻意在画面中安排一些地面景物，例如拍摄河湖上空的彩虹、长桥上空的彩虹及草原上空的彩虹，这样的照片更有情趣，画面给人一种天人合一的感觉。拍摄时不要使用偏振镜，否则会降低彩虹的色彩饱和度。

雨景摄影实战攻略

要想拍摄空中飘落的雨丝，应选择较深的背景进行衬托，如山峰、峭壁、树林、街道及人群等。在构图时应避开天空，用稍俯视的角度让房屋、街道、人群充实画面。拍摄时要注意白平衡的设置，通常应将白平衡设置为阴天模式，使画面获得真实的色彩还原。

拍摄时所使用的快门速度将影响画面中雨丝的长短，所使用的快门速度越快，则画面中的雨丝越短；所使用的快门速度越慢，则画面中的雨丝越长。通常用1/4~1/8s的快门速度可得到较长的雨丝，若想将雨点凝固在画面中，可提高所使用的快门速度。

除了直接表现飘落的雨滴外，还可以通过雨滴在水面激起的涟漪来间接表现雨天的景致。

▲ 两道彩虹同时出现是非常奇特的景观，局域光的照射突出了其中较清晰的一条，而另一条则若隐若现，使用小光圈将地面的树木与蓝色的水面一同纳入，起到了丰富画面元素的作用，配合深蓝色的天空，更好地衬托出了梦幻般的彩虹（焦距：35mm 光圈：F16 快门速度：1/25s 感光度：ISO100）

▼ 使用稍慢一些的快门速度得到较长的雨丝效果，拍摄时选择了阴天白平衡模式，画面的色彩得到真实的还原（焦距：200mm 光圈：F6.3 快门速度：1/10s 感光度：ISO400）

▶ 在下雨天拍摄荷花，可以更好地表现荷花的娇艳，雨丝起到了烘托气氛的作用（焦距：300mm 光圈：F4.5 快门速度：1/125s 感光度：ISO640）

焦距：18mm 光圈：F8 快门速度：1/25s 感光度：ISO400

Chapter 16

Canon EOS 6D Mark II

城市建筑与夜景摄影
高手实战攻略

建筑摄影实战攻略

在建筑中寻找标新立异的角度

拍惯了大场景建筑的整体气势，以及小细节的质感、层次感，不妨尝试拍摄一些与众不同的画面效果，不管是历史悠久的，还是现代风靡的，不同的建筑都有其不同寻常的一面。例如，利用现代建筑中用于装饰的玻璃、钢材等反光装饰物，在环境中的有趣景象被映射其中时，通过特写的景别进行拍摄，或者在夜晚采用聚焦放射的拍摄手法拍摄闪烁的霓虹灯。总之，只要有一双善于发现美的眼睛及敏锐的观察力，就可以捕捉到不同寻常的画面。

在实际拍摄过程中，可以充分发挥想象力，不拘泥于小节，自由地创新，使原本普通的建筑在照片中呈现出独具一格的画面效果，形成独特的拍摄风格。

▲ 摄影师通过建筑的反光来表现建筑群高耸的气势，视角很新奇，画面给人耳目一新的感觉（焦距：35mm　光圈：F11　快门速度：1/500s　感光度：ISO100）

利用建筑结构韵律形成画面的形式美感

韵律原本是音乐中的词汇，但实际上在各种成功的艺术作品中，都能够找到韵律的痕迹，韵律的表现形式随着载体形式的变化而变化，但均可给人以节奏感、跳跃感及生动感。

建筑摄影创作也是如此，建筑被称为凝固的音符，这本身就意味着在建筑中隐藏着流动的韵律，这种韵律可能是由建筑线条形成的，也可能是由建筑自身的几何结构形成的。因此，如果仔细观察，就能够从建筑物中找到点状的美感、线条的美感和几何结构的美感。

在拍摄建筑时，如果能抓住建筑结构所展现出的韵律美感进行拍摄，就能拍摄出非常优秀的作品。另外，拍摄时要不断地调整视角，将观察点放在那些大多数人习以为常的地方，通过运用建筑的语言为画面塑造韵律，也能够拍摄出优秀的照片。

▲ 采用仰视角度拍摄旋转的楼梯，画面看起来很有韵律美（焦距：20mm　光圈：F5.6　快门速度：1/60s　感光度：ISO400）

逆光拍摄剪影以突出建筑的轮廓

虽 然不是所有建筑物都能利用逆光拍摄，但对于那些具有完美线条、外形独特的建筑物来说，逆光是最完美的造型光线。

需要注意的是，应该对着天空或地面上较明亮的区域测光，从而使建筑物由于曝光不足而呈现为黑色剪影效果。

对于那些无法表现全貌的建筑，可以通过变换景别、拍摄角度来寻找其中线条感、结构感较强的局部，如古代建筑的挑檐、廊柱等，将其呈现为剪影效果进行刻画。

▲ 采用逆光拍摄具有优美造型的建筑时，针对天空测光可将其呈现为完美的剪影效果，同时使用中灰渐变镜压暗了天空，以凸显建筑的轮廓（焦距：70mm 光圈：F10 快门速度：1/400s 感光度：ISO100）

城市夜景摄影实战攻略

拍摄夜景的光圈设置

在拍摄夜景时，为了获得最大的景深效果，摄影师可以根据自己与当前景物的距离来选择合适的光圈。如果前后的景深跨度不大，可以使用较大的光圈进行拍摄，反之则需要使用小光圈，以确保整个画面中所有的景物都是清晰的，如常见的F8、F11或F16等。出于对画质的考虑，不建议使用最小的光圈，如F22、F32等。

▲ 使用小光圈拍摄城市夜景，获得了非常大的景深效果。画面前后的建筑都能清晰地展现出来，给观者视野非常开阔的感觉（焦距：18mm 光圈：F16 快门速度：10s 感光度：ISO100）

拍摄夜景的ISO设置

值得一提的是，在拍摄夜景时，只要能使用三脚架或能保证相机稳定，就不建议通过提高ISO感光度数值的方法来提高快门速度，这样很容易产生噪点而毁掉作品。因此，为了得到画质令人满意的作品，应该慎重使用高感光度，较常用的感光度数值是ISO100和ISO200。

> 在拍摄城市夜景时，为了获得更好的画质，不宜将感光度数值设置得过大，否则画面会出现明显的噪点，从而破坏美感。另外，由于夜晚拍摄需要较长的曝光时间，所以建议开启长时间曝光降噪功能，以保证获得良好的画质（焦距：17mm 光圈：F14 快门速度：25s 感光度：ISO100）

拍摄夜景时的快门速度设置

拍摄夜景时快门速度几乎是最重要的拍摄参数，如果快门速度过高，则拍摄出来的照片会由于曝光不足而呈现为一片漆黑；如果快门速度过低，则可能导致夜景中的灯光部分全部过曝。由于不同夜景的光线强弱程度不同，因此拍摄夜景时没有快门速度推荐值，摄影师需要通过试拍不断调整快门速度。

这一点在夜晚拍摄车流时表现得尤其明显。右侧4张照片是分别使用不同快门速度拍摄的车流画面，从这些照片可以看出，快门速度越高则画面越黑，车流灯光越呈现为点状；反之，快门速度越慢则画面越明亮，车流灯光越呈现为线状。

▲ 快门速度：1/20s

▲ 快门速度：1/5s

▲ 快门速度：4s

▲ 快门速度：6s

▼ 采用长时间曝光拍摄夜晚道路上的车流画面，车流呈现出流动的曲线，画面的动感十分强烈（焦距：35mm 光圈：F8 快门速度：13s 感光度：ISO100）

拍摄呈深蓝色调的夜景

为了捕捉到典型的夜景气氛，不一定要等到天空完全黑下来才去拍摄，因为相机对夜色的辨识能力比不上我们的眼睛。太阳已经落山，夜幕正在降临，路灯也已经开始点亮了，此时是拍摄夜景的最佳时机。城市的建筑物在路灯等其他人造光源的照射下，显得非常漂亮。而此时有意识地让相机曝光不足，能拍摄出非常漂亮的呈深蓝色调的夜景。

不过，要拍出呈深蓝色调的夜空，最好选择一个雨过天晴的夜晚，这样的夜晚，天空的能见度好、透明度高，在天将黑未黑的时候，天空中会出现醉人的蓝调色彩，此时拍摄能获得非常理想的画面效果。在拍摄蓝调夜景之前，应提前到达拍摄地点，做好一切准备工作后，慢慢等待最佳拍摄时机的到来。

▲ 使用小光圈俯视拍摄建筑群，能够将远处的建筑表现得很清晰，观者对城市的景象可以一览无余，画面很有气势（焦距：35mm 光圈：F10 快门速度：15s 感光度：ISO400）

利用水面拍出极具对称感的夜景建筑

在上海隔着黄浦江能够拍摄到漂亮的外滩夜景，而在香港则可以在香江对面拍摄到点缀着璀璨灯火的维多利亚港，实际上类似这样临水而建的城市在国内还有不少，在拍摄这样的城市时，利用水面拍出极具对称感的夜景建筑是一个不错的选择。夜幕下城市建筑群的璀璨灯光，会在水面折射出五颜六色的、长长的倒影，不禁让人感叹城市的繁华、时尚。

要拍出这样的效果，需要选择一个没有风的时候拍摄，否则在水面被吹皱的情况下，倒影的效果不会太理想。

此外，要把握曝光时间，其长短对于最终的结果影响很大。如果曝光时间较短，水面的倒影中能够依稀看到水流痕迹；而较长的曝光时间能够将水面拍成如镜面一般平整。

▶ 水边的建筑物及周边景物在水面上形成了倒影，实物与倒影相映成趣并融为一体，画面瞬间变得丰富多彩起来，从而更好地展现出建筑特有的魅力（焦距：30mm 光圈：F8 快门速度：30s 感光度：ISO200）

焦距：50mm 光圈：F2.2 快门速度：1/640s 感光度：ISO160

Chapter **17**

Canon EOS 6D Mark Ⅱ

美女、儿童摄影高手实战攻略

拍摄肖像眼神最重要

眼睛是心灵的窗户，一个人的素养及内涵能够通过眼睛流露出来。因此，在肖像摄影中，眼睛是一个非常重要的表现元素，通过表现眼睛，能够展现出被摄者的情绪和内心世界。

这就要求摄影师必须具有敏感的观察力，在拍摄时能够集中注意力去留意人物的表情，尤其是眼神变化，力争捕捉到被摄者独特的神态。

通常，当被摄者的眼睛直视镜头时，更容易与摄影师进行沟通。但这也不是一成不变的，摄影师应根据拍摄现场的情况随机应变。例如，当被摄者的目光偏离镜头时，有可能还沉浸在自己的情绪之中，这时就会表现出与平时不同的神态。而摄影师则应在一旁静静地观察被摄者，以确保在关键时刻迅速按下快门。

▲ 使用长焦镜头拍摄女孩的面部特写，其看着镜头的眼睛，给人一种有话要说的感觉，画面的视觉冲击力很强（焦距：200mm 光圈：F2.8 快门速度：1/500s 感光度：ISO100）

抓住人物情绪的变化

人的情绪往往会通过肢体语言表现出来，因此我们能够从一个人的身上感受到其悲伤、幸福、绝望、喜悦、平静等情绪。而好的摄影师往往能够抓住被摄人物情绪的变化，使拍摄出来的作品更具表现力。

从技术的角度来看，在拍摄人像时，只有当被摄对象在你面前毫无顾忌的时候，其情绪才会真实流露出来，因此摄影师要具有营造有利于模特真情流露的氛围，或者保持某种氛围不被破坏的能力。

另外，在拍摄时还应注意选择拍摄角度及光线，合适的角度及光线是决定一幅作品成败的关键。例如，仰视拍摄的人像让人心生崇敬之感，俯视拍摄的人像又给人一种蔑视感，阴暗的光线给人忧郁的感觉，而明亮的光线则给人清新的感觉。

➤ 使用高速快门拍摄女孩跳起的瞬间，其可爱、开心的笑容感染了每一位观者。拍摄这样跳跃画面的要点是，在构图时应在人物的上方及地面都留有一定的空间（焦距：35mm 光圈：F2 快门速度：1/800s 感光度：ISO200）

重视面部特写的技法

面部特写是人像摄影中比较常用的拍摄方式之一，但大多数人是平凡、普通的，乍看之下感觉很平凡，不过只要细心观察就会发现，每个人都有自己的独特之处，这就需要摄影师细心留意并选择恰当的拍摄角度进行表现。例如，对于嘴很诱人、性感的人，可以采用低角度拍摄，以便让嘴唇在画面中显得更加突出，并让脸部的其他地方看起来也很清晰；如果某个人的眼睛很漂亮，则可以选择一个高视点让被摄者抬眼看相机，以便在画面中表现其有神的目光，此时必须为眼睛补充眼神光。

当拍摄特写时，人物脸上的毛孔、斑点等瑕疵都能被表现出来，即使是看上去很漂亮的人，在这显微镜般的查看下，也会把瑕疵完全暴露出来。所以在拍摄前有必要让被摄者化妆，这样才能将特写照片拍得更具美感。当然，也可以在拍摄后使用 Photoshop 等后期处理软件对照片中的瑕疵进行美化。

▲ 利用特写的形式表现时尚的模特，可把其精致、前卫的妆容拍得很清晰（焦距：85mm 光圈：F7.1 快门速度：1/125s 感光度：ISO100）

通过模糊前景使模特融入环境

前景也常被用于衬托场景气氛，通常可以采取虚化的方式使前景变模糊，从而突出人物主体，拍摄时可通过使用较大光圈来获得小景深的画面效果。

在户外拍摄人像时，经常使用虚化前景的拍摄手法。例如，可以让模特身处芦苇丛、野花丛之中，通过虚化前景使模特与环境融为一体，使画面显得更加和谐。

在室内拍摄时，可以通过在模特前面抛掷花瓣，然后用稍慢一点的快门速度，使画面的前景形成虚化的花瓣飘落效果，来增加场景的唯美效果。

▲ 使用大光圈定焦镜头拍摄，虚化的前景不仅使模特融入环境，也增加了画面的空间感，模特看起来更加自然、生动（焦距：50mm 光圈：F2.8 快门速度：1/500s 感光度：ISO100）

如何拍出素雅的高调人像

高调人像是指画面的影调以亮调为主，暗调部分所占比例非常小，一般来说，白色要占整个画面的 70% 以上。高调照片能给人淡雅、洁静、优美、明快、清秀等感觉，常用于表现儿童、少女、医生等。相对而言，年轻貌美、皮肤白皙、气质高雅的女性更适合采用高调照片来表现。

在拍摄高调人像时，模特应该穿白色或其他浅色的服装，背景也应该选择相匹配的浅色。

在构图时要注意在画面中安排少量与高调颜色对比强烈的颜色，如黑色或红色，否则画面会显得苍白、无力。

在光线选择方面，通常多采用顺光拍摄，整体曝光要以人物脸部的亮度为准，也可以在正常曝光值的基础上增加 0.5 ～ 1 挡曝光补偿，以强调高调效果。

▼ 在增加 1 挡曝光补偿后，模特的皮肤显得更加白皙、细腻，高调的画面将人物衬托得更加清新（焦距：125mm 光圈：F4 快门速度：1/160s 感光度：ISO640）

如何拍出有个性的低调人像

与高调人像相反，低调人像的影调构成以较暗的颜色为主，基本由黑色及部分中间调颜色组成，亮部所占的比例较小。

在拍摄时要注意在画面中安排少量明亮的浅色，否则照片会显得过于灰暗、晦涩。

如果在室内拍摄低调人像，可以人为地控制灯光，使其仅照射在模特的身体及其周围较小的区域，使画面的亮处与暗处有较大的光比。

如果在室外或其他光线不可控制的环境中拍摄低调人像，可以考虑采用逆光拍摄，拍摄时应该对背景的高光位置进行测光，将模特拍摄成为剪影或半剪影效果。

如果采用侧光或顺光拍摄，通常是以黑色或深色作为背景，然后对模特身体上的高光区域进行测光，该区域将以中等亮度或者更暗的影调表现出来，而原来的中间调或阴影部分则再现为暗调。

▼ 用暗色作为背景，借助灯光使人物与背景的亮度有很大的反差，从而形成低调的画面效果

恰当安排陪体美化人像场景

对普通人及部分初入行的模特来说，摆姿时手的摆放都是一个较难解决的问题，手足无措是她们此时最真实的写照。如果能让模特手里拿一些道具，如一本书、一簇鲜花、一把吉他、一个玩具、一个足球或一把雨伞等，都可以帮助她们更好地表现拍摄主题，且能够更自然地摆出各种造型。

另外，道具有时也可以成为画面中人物情感表达的通道和构成画面情节的纽带，让人物的表现与画面主题更紧密地结合在一起，从而使作品更具有感染力。

▶ 模特手上紫色的花作为陪体，不仅丰富了画面色彩，也将模特衬托得很温柔（焦距：42mm 光圈：F4 快门速度：1/200s 感光度：ISO400）

采用俯视角度拍出小脸美女效果

俯视拍摄有利于表现被摄人物所处的空间层次，在拍摄正面半身人像时，能起到突出头顶、扩大额部、缩小下巴、掩盖头颈长度等作用，从而获得较理想的脸部清瘦的效果。

这种视角很适合表现女孩的面部，因为在拍摄时由于透视的原因，可以使女孩的眼睛看起来更大，下巴变小，突出被摄者的妩媚感，这也是为什么当前有许多自拍者，都采用手持相机或手机从头顶斜向下自拍面部的原因。

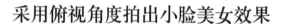

▶ 由于俯视拍摄改变了透视关系，模特的脸部更加小巧（焦距：35mm 光圈：F6.3 快门速度：1/125s 感光度：ISO100）

用反光板为人物补光

反光板是拍摄人像时使用频率较高的配件，通常用于为被摄人物补光。例如，当模特背向光源时，如果不使用反光板进行正面补光，则拍摄出来的照片中模特的面部会显得比较暗。

很多反光板都是五合一组合型的，即同时带有金、银、黑、白和灰色的柔光板。常见的反光板尺寸有 50mm、60mm、80mm 和 110mm 等。如果只是拍摄半身像，使用 60mm 左右的反光板就足够了；如果经常拍摄全身像，那么建议使用 110mm 以上的反光板。

反光板的形状有圆形和矩形两种，其中矩形反光板的反光效果更好，但携带不方便；而圆形反光板虽然反光效果略逊色一些，但可以将它折叠起来装在一个小袋子（通常在购买时厂家会附送）里，携带非常方便。

▲ 采用逆光拍摄人像时，一般都需要使用反光板为模特的面部补光，使其面部皮肤得到正常还原，而不会由于背光导致面部在画面中显得较暗（焦距：50mm 光圈：F2.8 快门速度：1/400s 感光度：ISO100）

▼ S 形构图使模特显得更加恬静优美，将女性优美的气质表现得淋漓尽致（焦距：85mm 光圈：F9 快门速度：1/160s 感光度：ISO160）

用S形构图拍出婀娜身形

在现代人像拍摄中，尤其是人体摄影中，S 形构图越来越多地用来表现人物身体某一部位的线条感，但要注意的是，S 形构图中弯曲的线条朝哪一个方向及弯曲的力度都是有讲究的。

弯曲的力度越大，所表现出来的力量也就越大，所以，在人像摄影中，用来表现身体曲线的 S 形线条的弯曲程度不应该太大，否则会由于模特过于用力，而影响到身体其他部位的表现效果。

女性模特无论采用站姿、坐姿还是躺姿，都能够使身体的线条呈 S 形，但不同姿势的 S 形给人的感觉不同。例如，躺姿或趴姿形成的 S 形，给人的感觉是性感；而站姿或倚姿形成的 S 形，仅仅能够让人感觉到模特玲珑的身材，当然也与模特的表情及着装有关。

用遮挡法掩盖脸型的缺陷

有时被摄者的脸型也许不尽如人意，在拍摄时可通过调整拍摄角度或是利用发型、道具等进行局部遮掩的方法，来获得比较美观的画面效果。

但要注意的是，在遮掩脸型的时候，要着重表现被摄者的眼神，使观者的注意力随之转移，将画面的兴趣点转移到人物的眼睛上。

▶ 模特用头巾遮住脸部，这样可以使其面部看起来很娇小（焦距：70mm 光圈：F2.8 快门速度：1/500s 感光度：ISO100）

儿童摄影实战攻略

以顺其自然为原则

对儿童摄影而言，可以拍摄他们在欢笑、玩耍甚至是哭泣的自然瞬间，而不是指挥他们笑一个，或将手放在什么位置。除了专业模特外，这样的要求对绝大部分成年人来说都会感到紧张，更何况那些纯真的孩子们。

即使你真的需要让他们笑一笑或做出一个特别的姿势，那也应该采用间接引导的方式，让孩子们发自内心、自然地去做，这样拍出的照片才是最真实、最具有震撼力的。

▶ 应尽量去抓拍孩子尽情玩乐的瞬间，而不是指使他们做什么，耐心等待一定会拍到精彩的画面（焦距：35mm 光圈：F4 快门速度：1/1000s 感光度：ISO100）

拍出儿童柔嫩的皮肤

适当增加曝光补偿

在拍摄儿童照片时，在正常测光数值的基础上适当增加 1/3～1 挡曝光补偿，以适当提亮整个画面，使儿童的皮肤看上去更加粉嫩、白皙。

▶ 在室内拍摄宝宝时，通过增加 1 挡曝光补偿来提亮画面，宝宝的皮肤看起来更加白皙（焦距：65mm　光圈：F7.1　快门速度：1/250s　感光度：ISO100）

利用散射光拍摄

利用散射光拍摄儿童，不会出现光比较大的情况，且无浓重阴影，画面整体影调柔和，儿童的皮肤看起来也更加细腻、白皙。

▼ 选择光线不是很强烈的天气拍摄，不会在孩子脸上留下难看的阴影，同时将其皮肤表现得更加细腻（焦距：135mm　光圈：F2.8　快门速度：1/500s　感光度：ISO100）

拍摄儿童天真、纯洁的眼神

孩 子们的眼神总是很纯真的，在拍摄儿童时应该将其作为表现的重点。在拍摄时应注意寻找眼神光，即眼睛上的高光反光亮点，具有眼神光的眼睛看上去更有神。如果光源亮度较高，在合适的角度就能够看到并拍到眼神光；如果光源较弱，可以使用反光板或柔光箱对眼睛进行补光，从而形成明亮的眼神光。

➤ 使用反光板为宝宝的眼睛补光，漂亮的眼神光使孩子的眼睛看起来非常有神，干净的画面也将孩子顽皮、纯情的特点突出表现出来（焦距：200mm 光圈：F5.6 快门速度：1/400s 感光度：ISO200）

利用玩具吸引儿童的注意力

在儿童摄影中，陪体通常指的就是玩具，无论是男孩子手中的玩具枪、水枪，还是女孩子手中的皮筋、跳绳，都能够在画面中与儿童构成一定的情节，并使孩子更专心于玩耍，而忘记镜头的存在，此时摄影师就能够比较容易地拍摄到儿童专注的表情。

因此，许多专业的儿童摄影工作室，都备有大量的儿童玩具，其目的也仅在于吸引孩子的注意力，使其处于更自然、活泼的状态。

▲ 孩子天生就是"小吃货"，任何东西都要用嘴巴尝一尝，在其忘情"品尝"时按下快门，即可捕捉到孩子最真实的一面（焦距：200mm 光圈：F3.2 快门速度：1/640s 感光度：ISO400）

通过抓拍捕捉最生动的瞬间

要表现儿童自然、生动的神态，最好在儿童玩耍的时候抓拍，这样的照片也具有一定的纪念意义。如果拍摄者是儿童的父母，可以一边参与儿童的游戏，一边寻找合适的时机，以足够的耐心眼疾手快地定格精彩瞬间。

拍摄时应该选择快门优先模式，并根据拍摄时环境的光照情况，将快门速度设置为可以得到正常曝光效果的最高快门速度，必要时可以适当提高感光度的数值，这样才能够定格孩子生动的瞬间。

为了不放过任何一个精彩的瞬间，在拍摄时应该将驱动模式设置为连拍模式。

▼ 使用较高的感光度得到了较快的快门速度，利用连拍模式将小孩玩耍的样子记录了下来，画面非常生动、自然。拍摄完成后，只需从中挑出最满意的几张即可

拍摄儿童自然、丰富的表情

无论是欢笑、喜悦、幻想、活跃、好奇、爱慕，还是沮丧、思虑、困倦、顽皮、失望，孩子们的表情都具有非常强的感染力，因此在拍摄时，不妨多捕捉一些有趣的表情，为孩子们留下更多的回忆。

摄影师在拍摄时应该用手按着快门，眼睛全神贯注地观察儿童的表情，一旦儿童表情状态较佳时就迅速按下快门，并采用连拍方式提高拍摄的成功率。

▲ 这个年龄的小家伙，只要你用心与其沟通、交流，就有机会捕捉到各种有趣的表情（焦距：35mm 光圈：F2.8 快门速度：1/500s 感光度：ISO200）

拍摄儿童娇小、可爱的身形

拍摄儿童除表现其丰富的表情外，其多样的肢体语言也有着很大的可拍性，包括其有意识的指手画脚，也包括其无意识的肢体动作等。

摄影师还可以在儿童睡觉时对其娇小的肢体进行造型，在凸显其可爱身形的同时，还可以组织出具小品样式的画面，以增强趣味性。

▲ 拍摄熟睡的婴儿，他们柔软的小身体可以摆出各种可爱的姿势，画面充满趣味性

焦距: 100mm 光圈: F5.6 快门速度: 1/500s 感光度: ISO200

Chapter 18

Canon EOS 6D Mark Ⅱ 生态
自然摄影高手实战攻略

花卉摄影实战攻略

运用逆光表现花朵的透明感

很多花卉处于逆光下会显得非常漂亮，因为在逆光下花瓣会呈半透明状，花卉的纹理也能被非常细腻地表现出来，画面显得纯粹而透明，给人以很柔美的视觉感受。

▶ 采用逆光拍摄的花卉，拍摄时针对主要花朵进行测光、对焦，并使用大光圈虚化背景，从而更好地突出花朵透明的质感（焦距：70mm 光圈：F2.8 快门速度：1/640s 感光度：ISO100）

通过水滴拍出娇艳的花朵

通常在湿润的春季，清晨时花草上都会存留一些晨露。很多摄影师喜欢在早晨拍摄这些带有晨露的花朵，这时的花朵也因为晨露的滋润而显得格外饱满、艳丽。

要拍摄有露珠的花朵，最好用微距镜头以特写的景别进行拍摄，使分布在叶面、叶尖、花瓣上的露珠不但会给予其雨露的滋润，还能够在画面中形成奇妙的光影效果，景深范围内的露珠清晰明亮、晶莹剔透，而景深外的露珠则形成一些圆形或六角形的光斑，装饰美化着背景，给画面平添几分情趣。

如果没有拍摄露珠的条件，

▲ 大小不一、晶莹剔透的水珠散落在紫色花瓣上，将花朵衬托得更加娇艳，使画面看起来富有生机和情趣（焦距：100mm 光圈：F9 快门速度：1/640s 感光度：ISO320）

也可以用小喷壶对着花朵喷几下，从而使花朵上沾满水珠。要注意的是，洒水量不能太多，向花卉上喷洒一点点水雾即可。

以天空为背景拍摄花朵

如果拍摄花朵时其背景显得很杂乱，而手中又没有反光板或类似的物件，可以采用仰视拍摄的方法，以天空为背景，这样拍摄出来的画面不仅简洁、干净，而且看起来比较明亮，天空中纯净的蓝色与花卉鲜艳的色彩形成对比与呼应，使画面看起来整体感很强。

如果要拍摄的花朵位置比较低，则摄影师可能需要趴在地面上进行仰视拍摄。

也可以采取将相机放低并盲拍的方法来碰碰运气，有时也能够拍摄出令人意想不到的好照片。

▲ 仰视拍摄的花卉，以干净的蓝天为背景，简洁的画面将花朵衬托得生命力十足，同时又不失娇艳本色（焦距：24mm 光圈：F5.6 快门速度：1/800s 感光度：ISO100）

以深色或浅色背景拍摄花朵

要拍好花朵，控制背景是非常关键的技术之一，通常可以通过深色或浅色背景来衬托花朵的颜色，此外还可以用大光圈、长焦距来虚化背景。

对于浅色的花朵而言，深色的背景可以很好地表现花卉的形体。拍摄时要想获得黑色背景，只要在花卉的背后放一块黑色的背景布就可以了。如果手中的反光板就有黑面，也可以直接将其放在花卉的后面。在放置背景时，要注意背景布或反光板与花朵之间的距离，只有距离合适，获得的纯色背景才会比较自然。在拍摄时，为了让花卉获得准确曝光，应适当做负向曝光补偿。

同样，对于那些颜色比较深的花朵而言，应该使用浅色的背景来衬托，其方法同样可以利用手中的浅色或白色的反光板、纸片、布纹等物件，由于背景的颜色较浅，因此拍摄时要适当做正向曝光补偿。

▶ 在深色背景的衬托下，嫩黄色的花朵显得更加娇艳动人，画面简洁、明了（焦距：150mm 光圈：F6.3 快门速度：1/320s 感光度：ISO200）

拍摄荷花的技巧

荷花，是中国的十大名花之一。它既可广植湖泊，又能盆栽瓶插，并以花大色艳、清香远溢、风姿绰约而散发着神奇的魅力，更兼其自古便被赋予了"出淤泥而不染"的高尚情操，故而吸引着无数摄影爱好者。也正因为如此，要拍出异情别样、富有个性的荷花作品是有一定难度的。

春天虽然没有荷花可拍，但却有伫立满塘的枯茎与残蓬，有从水底抽出的嫩芽，有先知春江水暖的群鸭。在拍摄时将这些元素纳入画面，能够使画面有种勃发的春意。

夏季是最适合拍荷花的季节，一池碧绿的荷叶映衬出荷花的亭亭玉立、粉雕玉琢。不过花期却格外短暂，因而要及时拍摄。拍摄时需注意用绿叶衬红花，以突出拍摄主题。也可以添加飞鸟、蜻蜓等富有生机的元素，使画面更加灵动。

秋天里的荷之韵往往凝聚在其"残败"之中，荷塘里满是随波摇曳的荷杆、枯萎的荷叶及乌黑的莲蓬。拍摄时应为残荷的形态赋予寓意，加入人性化的"沉思""对视"等意蕴，借景抒怀。

冬天的荷塘里满是枯茎残叶，倍显凄凉孤寂。逆光映衬下的残荷往往能形成简洁明快、富有意趣的抽象线条，使画面充满别致的韵味和情思。

▼ 摄影师用长焦镜头分别拍摄不同季节的荷花，其各自都体现出了季节之美，看起来韵味十足

昆虫摄影实战攻略

手动精确对焦拍摄昆虫

对于拍摄昆虫而言，必须将焦点设在非常细微的地方，如昆虫的复眼、触角、粘到身上的露珠及花粉等位置，但要使拍摄达到如此精细的程度，相机的自动对焦功能往往很难胜任。因此，通常应使用手动对焦功能进行准确对焦，从而获得质量更高的画面。

如果所拍摄的昆虫属于警觉性较低的类型，应该使用三脚架以帮助对焦，否则只能通过手持的方式进行对焦，以应对昆虫可能随时飞起、逃离等突发情况。

▲ 手动对焦拍摄的小景深画面，虚化的背景很好地突出了昆虫主体（焦距：100mm 光圈：F7.1 快门速度：1/160s 感光度：ISO200）

拍摄昆虫眼睛使照片更传神

在拍摄昆虫时，要尽量将昆虫头部和眼睛的细节特征表现出来。这一点实际上与拍摄人像一样，如果被摄主体的眼睛对焦不实或没有眼神光，照片就显得没有神采。因为观者在观看此类照片时，往往会将视线落在照片主体的眼睛位置，因此传神的眼睛会令照片更生动，并吸引观者的目光。

要清晰地拍出昆虫的眼睛并非易事，首先，摄影师必须快速判断出昆虫眼睛的位置，以便于抓住时机快速对焦；其次，昆虫的眼睛大多不是简单的平面结构，而是呈球形，因此在微距画面的景深已经非常小的情况下，将立体结构的昆虫眼睛完整地表现清楚并非易事。要解决这两个问题，前者依靠学习与其相关的生物学知识，后者依靠积累经验，找到最合适的景深与焦点位置。

▲ 将昆虫眼部丰富的细节作为画面的表现主体，作品具有强烈的视觉震撼力，给观者带来新奇、独特的视觉感受（焦距：100mm 光圈：F5.6 快门速度：1/250s 感光度：ISO400）

正确选择焦平面

焦平面是许多摄影爱好者容易忽视的问题，但却对于能否拍出主体清晰、景深合适的昆虫照片是至关重要的。由于微距摄影的拍摄距离很近，因此景深范围很小。例如，在 1：1 的放大倍率下，22mm 焦距所对应的景深大约只有 2mm；在 1：2 的放大倍率下，22mm 焦距所对应的景深也只有 6mm。因此，在拍摄时如果不能正确选择焦平面的位置，将要表现的昆虫细节放在一个焦平面内，并使这个平面与相机的背面保持平行，那么要表现的细节就会在景深之外而成为模糊的背景。

最典型的例子是拍摄蝴蝶，如果拍摄时蝴蝶的翅膀是并拢的，那么就应该调整机背，使之与翅面平行，让镜头垂直于翅膀，这样准确对焦后，才能将蝴蝶清晰地拍摄出来。

由于拍摄不同昆虫所要表现的重点不一样，因此在选择焦平面时也没有一定之规，但最重要的原则就是要确保希望表现的内容尽量在一个平面内。

▲ 使用手动对焦的方式，以蝴蝶翅膀作为对焦的焦平面，在蝴蝶美丽的翅膀被清晰地呈现出来的同时，背景也得到了很好的虚化，画面干净、主体突出（焦距：100mm 光圈：F10 快门速度：1/100s 感光度：ISO800）

鸟类摄影实战攻略

选择连拍模式拍摄飞鸟

鸟儿在飞行过程中，姿态会不断发生变化，几乎每一次改变都可以成为一次拍摄机会，要想尽可能多地抓住机会，将相机设定为连拍模式，能够避免错过最精彩的瞬间，然后可以从中挑选出最为满意的照片。

由于鸟儿的飞行速度较快，在使用高速连拍功能拍摄时，有时会感觉连拍速度较慢。可能导致连拍速度下降的原因如下：①当电池的剩余电量较低时，连拍速度会下降；②在人工智能伺服自动对焦模式下，因主体和使用的镜头不同，连拍速度也有可能会下降；③当开启了"高 ISO 感光度降噪功能"或在弱光环境下拍摄时，即使设置了较快的快门速度，连拍速度也会变慢。

了解了上述可能导致连拍速度变慢的原因后，当连拍速度不够时就可以通过对应排查来解决问题。

▲ 在拍摄飞行的鸟儿时，要常常用到连拍模式。由于鸟儿的警觉性很高，一点儿动静便会引起它的注意，而此时摄影师对于其锐利的眼睛、雄健的姿态等的抓拍难度相对较大，使用高速连拍功能进行抓拍可捕捉到较为理想的画面（焦距：200mm 光圈：F6 快门速度：1/1600s 感光度：ISO800）

巧用水面拍摄水鸟表现形式美

在拍摄水边的鸟儿时，倒影是绝对不可以忽视的构图元素，鸟儿的身体会由于倒影的出现，而呈现一虚一实的对称形态，使画面有了新奇的变化。而水面波纹的晃动则会使倒影呈现出一种油画的纹理，从而使照片更具有观赏性。

▶ 以暗色的水面作为背景拍摄火烈鸟，画面显得很简洁，同时通过将水面虚化的倒影与主体一同纳入镜头，获得了主体突出、虚实相衬的趣味画面（焦距：200mm 光圈：F7.1 快门速度：1/250s 感光度：ISO200）

注意在运动方向留出适当的空间

跟随拍摄飞鸟时，通常需要在鸟儿的运动方向留出适当的空间。一方面可获得符合美学观念的构图样式，降低跟随拍摄的难度，增加拍摄的成功率；另一方面能为后期裁切出多种构图样式留有更大的余地。

▶ 在鸟儿飞行的前方留白很重要，能够将其向前运动的感觉表现得很到位，这样的画面能够给人较大的想象空间（焦距：500mm 光圈：F5.6 快门速度：1/4000s 感光度：ISO250）

选择合适的测光模式拍摄飞鸟

在拍摄飞鸟时，如果想在画面中完美表现出其羽毛细腻、柔亮的质感，可采用点测光模式进行测光。

在测光时，测光点一般要置于被摄主体之上。需要注意的是，测光点不能选在被摄对象过亮或者过暗的区域，否则将会导致画面过曝或欠曝。

如果拍摄的场景光线均匀，可以选择评价测光模式；如果场景的光线相对复杂，但要拍摄的鸟儿位于画面的中间位置，可以考虑采用中央重点平均测光模式。

采用点测光针对海鸟的翅膀进行测光，使其身体呈现为剪影效果，漂亮的翅膀轮廓在夕阳黄色调的衬托下显得很漂亮（焦距：400mm 光圈：F4 快门速度：1/1250s 感光度：ISO100）

光线摄影